ZOOLOGIE

ÉCOLE DES RACES

ET EXPOSITION

DES

PRINCIPES DE GÉNÉANOMIE

CONSIDÉRÉS COMME BASE DU RESPECT ET DU RÉTABLISSEMENT

OU DE LA

RÉFORMATION DES RACES RÉGIONALES

CHEVALINES, BOVINES, OVINES ET HUMAINES, ETC.

ET

Détermination de la Coudée humaine géométrique,

Par J.-E. CORNAY,

Docteur en médecine de la Faculté de Paris ; Membre correspondant de la Société d'agriculture
belles-lettres, sciences et arts de Poitiers ;
Membre correspondant de la Société des sciences, arts et belles-lettres de Rochefort-sur-Mer
et de la société des sciences naturelles de la Charente-Inférieure ;
Membre correspondant étranger de l'Académie royale des sciences de Lisbonne, dans sa classe des sciences
mathématiques, physiques et naturelles ;
Membre correspondant étranger de l'Académie de Philadelphie ;
Membre correspondant de la section d'histoire naturelle de la Société du Musée de Douai
et de plusieurs autres Sociétés savantes.

- Ce livre est accompagné de 11 grands tableaux de Physiométrie animale.

PARIS

J.-B. BAILLIÈRE ET FILS

LIBRAIRES DE L'ACADÉMIE IMPÉRIALE DE MÉDECINE

Rue Hautefeuille, 19.

4 JANVIER 1865.

S

ÉCOLE DES RACES

ET EXPOSITION

DES

PRINCIPES DE GÉNÉANOMIE.

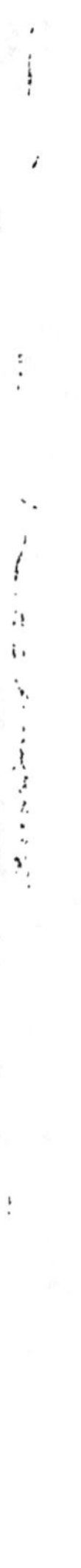

ZOOLOGIE

ÉCOLE DES RACES

ET EXPOSITION

DES

PRINCIPES DE GÉNÉANOMIE

CONSIDÉRÉS COMME BASE DU RESPECT ET DU RÉTABLISSEMENT

OU DE LA

RÉFORMATION DES RACES RÉGIONALES

CHEVALINES, BOVINES, OVINES ET HUMAINES, ETC.

ET

Détermination de la Coudée humaine géométrique,

Par J.-E. CORNAY,

Docteur en médecine de la Faculté de Paris; Membre correspondant de la Société d'agriculture
belles-lettres, sciences et arts de Poitiers;
Membre correspondant de la Société des sciences, arts et belles-lettres de Rochefort-sur-Mer
et de la Société des sciences naturelles de la Charente-Inférieure;
Membre correspondant étranger de l'Académie royale des sciences de Lisbonne, dans sa classe des sciences
mathématiques, physiques et naturelles;
Membre correspondant étranger de l'Académie de Philadelphie;
Membre correspondant de la section d'histoire naturelle de la Société du Musée de Douai
et de plusieurs autres Sociétés savantes.

Ce livre est accompagné de 11 grands tableaux de Physiométrie animale.

PARIS

J.-B. BAILLIÈRE ET FILS

LIBRAIRES DE L'ACADÉMIE IMPÉRIALE DE MÉDECINE

Rue Hautefeuille, 19.

4 JANVIER 1865.

HOMMAGE

A MONSIEUR LE PROFESSEUR FLOURENS.

———

Que nous ayons ou que nous n'ayons pas la bienveillance de notre grand maître M. le professeur Flourens, cela importe peu quand il s'agit de constater un point de l'histoire du développement des sciences; d'ailleurs la vérité est toujours bonne à dire lorsque la vérité ne peut que plaire.

Tout effet a sa cause, comme toute plante a sa racine. Ainsi les travaux que nous avons faits et qui ressortent de la loi de la genèse, que nous sûmes découvrir, prennent origine dans la lecture de l'*Éloge de Blumenbach*, publié en 1847 par M. le professeur Flourens, qui, à cette époque, voulut bien nous en offrir un exemplaire. Nos travaux assidus, gigantesques, de physiologie transcendante remontent donc à dix-sept ans; le bon grain a germé!

Sans trêve ni merci, nuit et jour, oui, tous les jours debout bien longtemps avant l'aurore, été comme hiver, à chaque heure fouillant tout : livres, travaux, bibliothèques, musées, collections d'êtres, esprit des faits, les hommes, les animaux, les idées, la nature dans les eaux, l'espace et les sites ; oui, toujours debout, sans autre but que le travail à accomplir ou à parfaire. Demandez-nous quelle a été la force qui nous poussait ? C'est celle qui a dicté l'*Éloge de Blumenbach, c'est le devoir !* On nous dit quelquefois que c'est l'orgueil ; l'orgueil à la Lampe qui devient fumeuse avant le jour, pendant que tous ignorent et sommeillent ; l'orgueil au Réveil dont la sonnerie ébranle nos oreilles et détruit notre repos pendant dix-sept ans ; allez ! c'est bien plutôt le plaisir inexprimable que donne la science, qui éloigne de toute contrariété, accompagné d'un devoir que l'homme sérieux seul connaît, dans lequel réside la dignité. C'est donc, dans tous les cas, un bien noble orgueil !

L'*Éloge de Blumenbach* est une gerbe de science où les grandes idées de nos devanciers se trouvent tassées par l'esprit d'encyclopédie. Ne dirait-on pas, en lisant ces pages limpides, qui ouvrent l'intelligence sans effort, que l'homme qui les a conçues a voulu montrer à notre génération les limites des idées, en faisant l'exposition des principales connaissances physiologiques jusqu'à cette époque; c'est bien *le fait d'encyclopédie*, cette science des grands hommes?

La loi de la genèse, la loi des nombres ou de l'harmonie, qui nous guide dans nos travaux comme une bannière, nous a fait largement franchir ces limites posées, posées avec tant d'éclat que l'on dirait encore que ces connaissances ont été indiquées ou écrites d'après un ordre par un grand maître!

Dans l'*Éloge de Blumenbach*, c'est une voix intérieure qui parle ou plutôt qui module, tant l'expression en est douce et saisissante, et la sublimité qui en naît entraîna notre esprit jusqu'à la conception du récit de la genèse divine. *Génie de l'encyclopédie* (1), il n'y a plus que lui; lève-toi du cercueil et le salue!

(1) Lisez, ou plutôt étudiez donc les éloges des grands savants et les autres travaux physiologiques de M. Flourens; ce sont des monuments de la plus haute encyclopédie.

AUX ZOOLOGISTES.

De même que la nature endormie par la nuit s'anime sous l'action des forces rayonnantes et chaudes du soleil qui se lève, de même la science, engourdie par l'arbitraire, se réveille et grandit sous la vivifiante et unique lumière de la loi divine de la genèse (1), qui naguère est née en notre esprit comme une révélation.

Cet écrit va de nouveau nous le démontrer.

L'illustre Cuvier avait bien l'intuition des lois générales et des lois particulières, mais il n'a pas su les découvrir ; il professait que l'on ne sortirait jamais de la méthode et il concluait à la fondation d'un *système humain* de la nature. Aussi a-t-il suivi le système de Linné dans ses études. Dès lors, ce dernier était appelé, *in æternum*, à régner sur les savants par sa méthode suédoise et particulière. Cet homme était passé à l'état de demi-dieu ; il était le demi-dieu du naturalisme, invoquant parfois Jupiter !

La science de la nature, jusqu'à nous, appuyée sur

____

(1) *Exposition de la loi divine d'harmonie*, etc., grand in-18. Paris, 1862, J.-E. Cornay.

la comparaison de simples caractères de forme et de couleur, quelquefois de longueur et de numération, et cela *sans point de départ ou d'étalon* et enfermée dans un cadre de divisions et de subdivisions humaines, avait donc pour fin la morphologie, la physiognomonie et leurs accessoires ; c'étaient les bornes de l'histoire naturelle ou des sciences naturelles ; l'anatomie en était le principal moyen. Les naturalistes de tous les pays, ayant suivi les vues de ces deux grands hommes savants, ont fait comme eux fausse route dans l'arbitraire et sont arrivés, par le grand nombre de leurs classifications, au tourbillon d'une sorte de chaos scientifique. Est-ce bien cela ? Tout le monde connaît le gouffre de la méthode !

La grande magnificence des planches, l'excellence du dessin et du coloris, l'agrément de la version, les beautés de la typographie et du papier même des livres, ainsi que les détails d'anatomie et des mœurs, ont fait oublier la recherche des principes de la répartition légale des êtres, ont détourné les savants de la conception de l'étude de la loi de la genèse.

Tout s'est enchaîné pour fasciner l'esprit des naturalistes : les réputations acquises, les noms illustres des chefs auraient peut-être même fait rejeter toute tentative d'amélioration à cet égard.

On ne voyait et l'on ne voulait voir que la méthode linnéo-cuviérienne ; on croyait à son amélioration en créant de nouveaux genres, en changeant des noms ! On a abusé des genres, des noms et des espèces ; on a abusé de tout, par cela même que l'on ne possédait pas la vraie loi de la nature. Ainsi les savants avaient l'histoire naturelle comme but, la méthode humaine comme moyen ; tel but, tel moyen !

L'envie aidant, tous ont voulu être maîtres, et, dans le fait, personne ne l'était, car, pour être maître, il faut posséder les principes. On les ignorait, puisque tous se rattachaient au faible fil de la volonté humaine, la méthode, fil détruit maintenant. Tout ce que l'on faisait était d'enregistrer les espèces dans le cadre arbitraire ; la foule s'est précipitée.

Les hommes supérieurs considéraient la méthode comme une ancre de salut au milieu de l'ignorance des lois ; tant que cela est demeuré ainsi, c'était bien ; c'était une étape de l'humanité dans la science ; mais, à leur suite, est venue une foule de gens plus ou moins capables, qui ont brocanté *la méthode qui devait être inviolable.*

L'homme aime l'image : on a fait des images superbes ; il aime le beau texte, le fin papier, le coloris, les gros et les grands livres : on a fait tout cela !

Mais tout cela aide la science et n'est pas la science, car elle réside dans les lois.

Un magnifique in-folio creux, bien qu'illustré, ne vaut pas, pour les vrais savants, un mince in-18 sur mauvais papier, contenant l'exposition des vrais principes de la nature.

Arrière donc cette ostentation, si elle est inutile ; arrière donc le luxe, s'il est perfide ; arrière donc encore les suprématies usurpées, car la loi divine est debout !

Maintenant le règne de la loi est arrivé ; il nous faut en tout la loi, toujours la loi ; la volonté humaine n'est rien devant elle, car les êtres de la nature sont les ouvrages de la loi du principe, qui l'a dictée en toutes choses.

Mais il est cependant utile d'excuser tout le passé

de la méthode, car, en masse, on a bien fait tout ce que l'on a pu pour l'histoire des êtres, et de fort beaux travaux d'anatomie, d'études de mœurs, de peinture, de rapprochement d'espèces, de physiologie spéciale même, ont été exécutés et enfermés dans le cadre artificiel des méthodes différentes des auteurs qui se rattachent toutes à celle de Linné et de Cuvier. Ainsi le passé est ce qu'il est et servira la science dans ses rapports avec la vérité.

Souvenons-nous avec gloire que Buffon, notre savant Buffon, n'a point voulu accepter de méthode humaine ; qu'il avait en lui-même l'intuition d'une loi primordiale antérieure et supérieure aux idées de l'homme.

L'esprit de ses œuvres régnera.

Il existe trois espèces de savants relativement aux principes des sciences :

1° Le simple travailleur, qui cultive et professe les idées reçues ou des autres ;

2° L'inventeur, qui cultive et professe les idées reçues ou des autres et qui invente, d'après elles, de nouveaux systèmes arbitraires : c'est le législateur. Dans les sciences, on a toujours trop de législateurs !

3° L'homme de génie, qui découvre, publie ou professe les lois réelles de la nature : c'est le légiste. Dans les sciences, on n'aura jamais assez de légistes.

Tout le monde peut se tromper ; la loi divine, la loi vraie ne se trompe jamais.

La question se renferme dans l'étude de la loi, de la loi de la genèse, la loi des nombres ou de l'harmonie, que nous avons eu le bonheur de découvrir et dont nous allons faire ressortir les curieuses applications dans notre *École des races*.

Le méthodisme est donc en présence du mur d'airain, de la loi divine octroyée.

La loi a été donnée par le principe de la nature à la genèse, dans la genèse, pour la genèse. Placés au milieu de la reproduction, étudions la loi dans les êtres et dans les rapports, et ne disons pas : étudions la génération spontanée ; ce serait le comble de l'absurde.

Nous avons su prévoir, découvrir si l'on veut, comprendre encore, que l'homme-espèce devait *représenter la sphère* par la totalité de ses forces active et passive organiques de genèse, et que les animaux, dans leur espèce, étaient des fractions de la sphère dans leurs forces organiques de genèse ou la sphère plus une fraction ; que leur masse cérébrale exprimait leur *proportion sphérique*, comme symbole déductif des forces active et passive. Était-ce de l'audace que notre manière d'envisager l'homme et les espèces ? Non, assurément ; c'était la nature prise sur le fait, le fait majeur des proportions et des progressions des quantités des forces constituantes.

Depuis notre découverte de l'*homme-sphère*, nous avons étudié les ossements de l'homme et ceux de quelques animaux, et nous avons vu que leurs nombres d'os contrôlaient et exprimaient les nombres forces génésiques de l'homme et des espèces. Notre appréciation de l'homme-sphère, contrôlée par l'étude des ossements, a fourni à ce premier aperçu l'autorité que donne la vérité.

L'homme est *cosmique* ou universel dans sa relativité, puisqu'il représente par son nombre forces, génésique le nombre forces, génésique de la sphère quelle qu'elle soit ; car toute sphère commence, comme l'homme, par 43,200 accords de genèse, et pour se rendre compte de ce fait, il suffit de multiplier sa circonférence par son diamètre, ce qui donne : $360 \times 120 = 43,200$ points de genèse dans son plus petit noyau central. Cela ne peut pas être nié.

Les sphères, quelle que soit leur grosseur, ne diffèrent dans la suite et après leurs acquisitions matériales et leurs plus ou moins grandes quantités de minéralisations, que par plus ou moins de zéros ajoutés à leurs 43,200 points primitifs de genèse ou accords de forces active et passive ; en sorte que la *sphère est cosmique* aussi, par ses points de genèse et, quels que soient ses diamètres futurs, elle est universelle comme l'homme même.

Si la sphère est cosmique par ses points de genèse et par sa forme comme l'homme même, comme l'homme aussi, qui offre 89 modifications des tissus, elle offre 89 corps simples fractionnaires des forces, seuls constituants de ses couches primitives et des couches de ses terrains, qui sont le fruit du *travail vital* des siècles.

L'homme et la sphère ont un rapport exact dans l'univers, quelle que soit la taille ; la taille n'est pas le nombre forces de genèse, n'est pas le moule, la taille dépendant des rapports extérieurs, de la nutrition, du lieu de situation et d'habitation, etc.

On devra connaître le nombre d'espèces des sphères, par le nombre d'espèces humaines, et les détails par les détails ; les calculs sur l'homme feront connaître les cieux.

Quoi qu'il en soit, ce que nous venons de dire est une très-grande connaissance, puisque cela démontre un autre fait des plus remarquables, c'est qu'*Adam*, *dit spirituel, est le même partout l'univers,* c'est-à-dire sur tous les globes.

Adam spirituel est le nombre d'accords légaux attribués à la genèse des quinze espèces humaines. 3,888,000 (1) est le nombre légal d'accords de principe et de substance attribué à la genèse de l'homme collectif; 3,888,000 est le nombre adamique, cosmique ou universel de l'homme collectif, c'est l'Adam spirituel ou légal de tous les globes; *le nombre légal genésique de l'homme collectif est le même en tous lieux :* c'est le *nombre étalon,* la mesure des quantités de principe et de substance attribués à la genèse de l'homme collectif par le Créateur de la nature.

· Nous avons donc retrouvé l'*Adam de Moïse,* l'Adam spirituel, l'*Adam légal;* car pour nous, spirituel veut dire légal, pas autre chose; l'esprit, c'est la légalité.

On ne pourra jamais dépasser ces connaissances, et celui qui les nierait, que serait-il?... un zéro.

Une seule chose, un seul grand fait relie l'homme à Dieu, être invisible et *qui doit rester invisible,* pour être indestructible et inattaquable, c'est la loi de la genèse. La religion, qui, dans son mot, vient de *religare,* relier, est le culte rendu au principe de la nature, d'après le dogme révélé par l'étude, ou découvert, de la loi octroyée à la genèse même par le Créateur.

Nous étudions cette loi et nous comprenons qu'elle ne peut être envisagée que dans les rapports de l'homme et des espèces avec la sphère qu'ils habitent.

Tout se tient dans les forces de la nature ; les forces

(1) Voyez l'*Exposition des formules des forces vitales,* grand in-18. Paris, 1862, J.-E. Cornay.

déterminées dans les êtres ont des *heures d'existence,* comme espèces, et ces heures sont concordantes ou proportionnelles et progressionnelles à celles des mouvements, des stases et de l'existence du globe habité et de ses accessoires ; *car tout est réglé dans les heures !*

En sorte que nos calculs sont d'une grande précision, puisqu'ils correspondent à ceux exécutés sur la sphère, soit pour sa constitution, soit pour les durées.

Voilà donc la science de la nature terrestre mathématiquement rattachée à celle du globe et de la sphère cosmique, et mathématiquement étudiée.

Le travail sur la constitution des races exposera tous les bienfaits de la loi des nombres et d'harmonie.

Qui donc maintenant oserait dire : la méthode est l'apogée des principes, je demeure méthodiste ; et comme la monographie (1) est le seul moyen de constituer la science des êtres parce qu'elle est l'expression de la division du travail, mes monographies seront méthodistes. A celui-là nous répondrions : prenez garde qu'il ne nous passe pas par la tête de refaire vos monographies, car nous les constituerions sur la base de la loi des nombres (2) et vos travaux disparaîtraient comme la fumée ; vous ne seriez alors que notre serviteur, pour certains détails secondaires.

Venez donc vers nous, jeunes savants, qui connaissez déjà beaucoup de choses que nous ignorons peut-être ; venez, notre cordiale amitié et nos conseils vous sont assurés !

(1) D'où le spécialisme est très-utile.

(2) Désormais on ne doit plus recevoir de docteurs sans qu'ils aient de profondes connaissances en mathématiques, et pour cela il est utile que les facultés possèdent un examinateur spécial.

Venez donc vers nous, hommes faits de la science, nous vous dirons tout ce que nous pourrons savoir dans ce qui doit convenir à vos études particulières !

Venez aussi vers nous, vous qui êtes rompus par les longues fatigues des travaux ; notre cœur et notre esprit feront la majeure partie du chemin !

Laissez là le passé : une seule et utile pensée doit nous réunir, c'est *la fondation de l'école française*, dans ses applications aux diverses branches des connaissances humaines ; par *la science légale*, la France est appelée à répandre l'esprit de sagesse, c'est-à-dire la saine philosophie parmi les hommes.

La loi divine n'est-elle pas son drapeau ? En avant ! en avant ! suivez-nous !

Nous allons constituer, par ce travail, un nouveau corps de doctrine sous le nom de *Généanomie*. La généanomie, mot à mot loi de génération, est la science des lois de la génération du type matériel, végétal et animal quel qu'il soit.

Ici nous ne nous occuperons que de la *généanomie animale* reproductive, et chez les animaux domestiques. Jusqu'à présent, comme aucune loi n'avait fixé les vues des zooculteurs, les alliances animales domestiques se sont accomplies ou pratiquées sous l'influence de l'empirisme le plus complet.

Aucun éleveur ne connaissant la loi de reproduction, on unissait les sexes dans les variétés de l'espèce en faisant le meilleur choix possible ; la loi vétérinaire ne regardait pas le fond des choses.

L'homme, qui doit posséder un jour l'intelligence des faits et qui commettra bien des erreurs avant d'y parvenir, s'est emparé du *pouvoir exécutif*, quant à ce qui regarde les alliances reproductives des animaux domestiques ; le *pouvoir législatif*, sachons-le bien, qui réside en totalité dans la loi de génération, *encore inconnue* et que nous exposerons dans ce travail, fut mis de côté par la volonté humaine, qui fit loi, par ignorance même de la loi.

Cette usurpation insolite a constamment nui au *pouvoir souverain* de la race animale, qui représente exactement un pouvoir.

Le pouvoir exécutif de l'homme a donc absorbé le pouvoir législatif et le pouvoir souverain de la race. Par cela même la race est tombée dans l'anarchie, et cependant la volonté de l'homme doit fléchir devant la race, qui représente la loi des proportions et des progressions, la loi des nombres, la loi de la genèse, de la reproduction, la loi d'harmonie !

La race est un pouvoir souverain dans la reproduction. On doit éviter l'empiétement des pouvoirs ; chaque pouvoir doit conserver ses libertés, ses droits, sous peine de désordre dans la base d'activité et dans le tout. Aussi on est arrivé à la *confusion des races*. Voilà la chute, la chute inévitable !

C'est ainsi, d'après nous, que ne devant pas dépenser un seul denier, la France a fait, au contraire, d'énormes sacrifices pour obtenir de bons chevaux de cavalerie, et qu'elle n'a vu naître, en petite quantité encore, de ses haras somptueux, que des animaux décousus et inférieurs ; le reste n'en parlons pas !

C'est qu'il faut savoir que la race est *autonome*, c'est-à-dire qu'elle se gouverne par ses propres lois et que le vouloir humain est impuissant contre elle.

La race, quelle qu'elle soit, tient à la constitution organique; elle a ses *proportions définies!*

L'appareil nerveux cérébral des relations n'arrive dans la race que comme organe et comme chaque modification de tissu par 480 de forces de génération.

La race tient à la qualité tonique des forces active et passive organiques, qui commencent à la fécondation par l'action, par moitié, du mâle et de la femelle. L'ovule est le réceptacle de ces forces mâles et femelles; elles y organisent et y constituent peu à peu le produit, à l'aide de la substance fournie par la mère, qui fournit également les forces végétatives.

Revenons à l'homme comme type animal.

Les forces organiques active et passive de l'homme débutent par 43,200 points de génération; elles fournissent aux 90 modifications des tissus 480 points ou accords, $90 \times 480 = 43,200$.

Le *cerveau de l'homme individu n'est qu'un hémisphère* formé de deux quarts de sphère; accolé par la base à celui de la femme, il constitue la sphère entière, et cela à l'état adulte.

Chacun de ces deux cerveaux, qui n'était à la génération dans l'ovule fécondé, représenté que par 480 points de forces, ce qui fait 960 points pour les deux cerveaux, ne sont bien chacun qu'un hémisphère. En voici la preuve : c'est qu'en multipliant 960 par 900 la substance déterminée en décimales, on obtient : $960 \times 900 = 864,000$, nombre de la sphère solide; c'est absolument comme si l'on multipliait la surface de la sphère par 20, le tiers du rayon, on obtiendrait, savoir : $43,200 \times 20 = 864,000$, le nombre de la sphère solide ; d'où $480 \times 900 = 432{,}000$ (1) l'hémisphère solide, qui $2 = 864{,}000$ la sphère solide.

Le cerveau de l'homme individu est donc bien un hémisphère.

On voit que ce n'est pas tout de faire l'anatomie et la physiologie spéciale du cerveau et de ses annexes, il faut aussi le comprendre dans *sa vie double* ou d'espèce ; cela appartient à l'encyclopédie.

En accolant le cerveau de l'homme et celui de la femme, on obtient la sphère cérébrale complète, formée de quatre quarts de sphère. Les hémisphères des anatomistes ne sont donc que des quarts de sphère. Dès lors, le cerveau de l'homme individu est fondé sur l'équation simple comme appareil ; il en est de même des forces qui le parcourent ; ce qui le prouve, c'est qu'il faut que les pensées, les idées, les sentiments, les instincts de l'homme individu soient constamment partagés ou contrôlés par ceux de la femme ou d'une personne qui la remplace.

Aussi l'instrument des idées, fondé sur l'équation simple comme appareil, est-il facile à déranger, est-il faible et souvent impuissant dans ses fonctions physiologiques qui nécessitent le contrôle permanent d'un autre cerveau.

L'homme individu marche et agit sans cesse pour former équation double avec une autre moitié ; il en est de même des animaux, suivant les fractions qu'ils représentent.

---

(1) Nous sommes arrivé à comprendre que 432,000 est le nombre adulte de chaque modification de tissu, et qu'en multipliant 432,000 par 90, on obtient 3,888,000, le nombre adulte de l'homme individu, qui est aussi le nombre légal de genèse des quinze espèces humaines dans les ovules fécondés.

Les forces active et passive organiques du père et les forces passive et active de la mère *agissent par moitié* dans l'ovule, y forment équation double, et la fécondation de l'ovule est effectuée en y produisant l'équation suivante des forces chimiques :

$$\underset{\text{f. active}}{10{,}800} : \underset{\text{f. passive}}{10{,}800} :: \underset{\text{f. active}}{10{,}800} : \underset{\text{f. passive}}{10{,}800}.$$

Il faut bien comprendre que les forces nerveuses sensibles et motrices ne font pas partie des forces organiques qui circulent, elles, dans les nerfs ganglionnaires.

Le fluide de la matière circule entre les astres et les corps célestes, il circule du soleil à la terre et se transforme en forces dans les atmosphères et les corps des globes. Voici pour nous la matière ; c'est elle qui est le principe et la substance des forces active et passive de végétation.

La genèse est le fait général, accompli dans la loi divine, de la détermination des accords légaux ou spirituels de principe et de substance attribués en quantités fixes aux êtres, par le principe de la nature.

C'est la détermination par équations matériales, végétales et animales de ces quantités d'accords de principe et de substance attribués, par la loi divine, en matière, en forces, en gaz, en liquides, en solides, en cristaux, en êtres organisés.

Pour l'homme de science, c'est la détermination première des forces en êtres inorganisés et organisés, car il ne peut apprécier que les quantités des forces, la matière étant insaisissable par les sens.

Nos études dans ce travail sur la *constitution des races,* rouleront donc sur *les rapports des nombres-forces* constituant les individus mâles et femelles dans les races domestiques ou filiations anormales de l'espèce.

On le voit, ces explications exactes étaient fort utiles à tout le monde, et surtout aux personnes qui pourraient ignorer nos autres travaux physiologiques.

Pénétrons-nous de ce fait immuable que *la race est un pouvoir* dans la reproduction, parce qu'elle sort de l'espèce et qu'elle lui est proportionnelle quoiqu'elle soit anormale à l'état de domestication; qu'il faut ramener tous les travaux du zooculteur à la race pure quelle qu'elle soit.

Souvenons-nous que toutes les races vraies sont respectables et doivent être protégées par les physiologistes suivant leur but, car elles expriment exactement les proportions et les progressions des déviations utiles de l'espèce, c'est-à-dire la loi des nombres ou d'harmonie dans la déformation de l'espèce, chez les types semblables qui se succèdent, parce qu'ils sont soumis à des conditions extérieures constantes de filiations.

Souvenons-nous que les races étant assujetties à des latitudes, des altitudes, des *circumfusa*, des *ingesta*, des *gesta* particuliers, nous devons bannir de notre esprit l'idée de *fusion des races* : cette idée est aussi saugrenue que celle de la *fusion des peuples*, ce que la pratique peut démontrer à tout homme de bien qui ne fait pas du verbiage une panacée.

Le mot d'ordre du physiologiste est donc celui-ci :

Toute *race est autonome*; elle se gouverne par ses propres lois.

ÉCOLE DES RACES

ET EXPOSITION

DES

PRINCIPES DE GÉNÉANOMIE

CONSIDÉRÉS COMME BASE DU RESPECT ET DU RÉTABLISSEMENT

OU DE LA

RÉFORMATION DES RACES RÉGIONALES

CHEVALINES, BOVINES, OVINES ET HUMAINES, ETC.

> Est-ce qu'il faut s'endormir dans l'habitude, quand tout est à organiser dans ce grand désordre des races domestiques, où les plus belles facultés de l'homme se sont égarées sans gloire, et où d'immenses trésors s'enfouissent chaque année sans succès ou sans utilité?

Le Sang.

Le voyageur dans le désert est souvent trompé par le phénomène du mirage, et à mesure qu'il avance il est tout surpris de n'avoir devant lui aucun des objets fantastiques que les mouvements de la lumière avaient créés et que sa vue et son imagination s'étaient plu de lui faire entrevoir; l'esprit doit donc venir en aide aux sens contre les apparences, leurs erreurs et leur faiblesse.

Il en est ainsi des êtres indéterminés que l'esprit seul peut analyser après les avoir compris par déduction. Servons-nous donc de l'intelligence pour débrouiller le chaos des races.

Ainsi dans ce qui est du sang, on conçoit que l'esprit doit intervenir ; car que nous démontre un liquide qui pour la vue est simplement formé de globules et de sérum ?

Bien que par la chimie nous faisions l'analyse du sang et que par elle nous sachions qu'il contient les *quinze corps simples* (1) formateurs de toutes les modifications des tissus, cela ne nous dit rien des rapports du sang, avec les races domestiques, ces termes proportionnels et progressionnels de la déformation de l'espèce.

De même, les diverses opérations chimiques que nous pratiquons sur le sang et qui nous font découvrir les différents corps complexes et les différentes matières colorantes de ce liquide, ne regardent ni la race ni l'espèce, et ne peuvent en aucune manière nous dire où siégent les forces organiques sur lesquelles la race et l'espèce reposent.

Le microscope seul nous donne des variétés insignifiantes dans les globules du sang chez les espèces très-différentes ; ainsi tout cela ne peut nous servir quant à ce sujet.

Opérons donc par déduction.

Il faut bien savoir que l'ovule chez la mère est fécondé sans l'intervention immédiate du sang du père ou de celui de la mère ;

Que les vaisseaux sanguins et le sang chez l'embryon se produisent à leur heure, quand les grands courants organiques ont tracé la configuration de l'embryon.

A une certaine époque de la vie intra-utérine, lorsque

(1) *Mémoire sur la vie des tissus*, page 62, grand in-18, Paris, 1864, J.-E. Cornay.

les vaisseaux du cordon ombilical réunissent l'embryon au placenta et à sa mère, l'embryon-fœtus reçoit du sang rouge et nutritif de la mère par la circulation placentaire.

Le sang chez le fœtus provient donc de la mère, qui joue le rôle du vitellus ou du jaune des oiseaux.

Lorsque le produit de la conception est né, qu'il a obtenu sa vie individuelle, il retire alors son sang de sa nourriture qui subit différentes modifications dans les intestins, au poumon et au foie pour la matière-colorante jaune du sang (1).

Qu'est-ce donc que le sang ? c'est *le liquide légal,* nutritif des tissus et des forces organiques : tel sang, tels tissus, telles forces organiques ; il entretient les forces organiques par les forces chimiques qui se produisent dans les synthèses des corps complexes qui le constituent.

Le sang représente donc, par sa composition, les éléments de la composition des tissus et celle des forces organiques ou organisantes.

Sa molécule, si nous pouvons nous exprimer ainsi, est formée de 43,200 de forces active et passive, car il fournit aux 90 modifications des tissus 480 ; or $480 \times 90 = 43,200$.

Les mêmes calculs peuvent se faire pour les animaux d'après leurs nombres forces respectifs.

Écoutez bien ce qui va suivre :

Le sang étant un liquide nutritif ou d'entretien des forces organiques, par les forces chimiques qui se dégagent pendant les combinaisons de ses constituants, comme il est aussi un liquide nutritif et d'entretien des tissus par la substance de son sérum.... il a fallu qu'un système

(1) *Mémoire sur la coloration des parties organiques,* in-8°, J.-E. Cornay.

nerveux spécial fût chargé de condenser et d'équationner ces forces chimiques de nutrition en forces organiques qui sont en équation double des forces chimiques.

C'est en effet ce qui existe : un système nerveux organique, formé de ganglions disposés en deux rangées symétriques de chaque côté de la colonne vertébrale communiquant par des filets avec tous les organes, filets qui enveloppent tous les vaisseaux de leurs réseaux et qui forment des plexus près des grands centres d'activité, est chargé de condenser et de régulariser dans le nombre les forces chimiques, et ce nombre est 43,200 pour les forces organiques comme *terme* de constitution et de nutrition.

Le nerf organique comme tissu ayant pris génération par 480 de forces, a multiplié ses forces dans la nutrition par 90 de substance, ce qui fait que lui-même est dans la situation suivante $480 \times 90 = 43,200$.

Dès lors le nerf organique est en équation avec les forces organiques qu'il condense et qu'il mesure, il forme avec elles $43,200 : : 43,200$. Dame nature est belle, oui !

Les forces organiques sont l'âme organique de l'animal !

Le nerf organique est donc *le siége et la mesure* de l'âme organique, de l'âme matérielle, de l'âme organisante, de l'âme légalisée dans le nombre, source inépuisable de végétation, de nutrition, de conception, de fécondation, d'activité, de sensation, de pensée. On ne peut déranger l'équation du tissu du nerf organique et des forces organiques dans l'espèce : l'espèce résiste à tout.

Mais on peut la détruire en tuant l'espèce, ce qui serait très-peu avantageux.

Voilà pourquoi la race est un pouvoir ; c'est qu'étant une déformation de l'espèce, déformation proportionnelle aux influents, elle résiste comme elle à tout dans ses proportions définies, elle repose enfin sur la nature de forces organiques appropriées. Que c'est beau !

Vous voyez que nous vous avons conduits du sang aux forces organiques ; poursuivons :

Quand les forces organiques se diminuent par manque de nutrition ou par déperdition, le nerf organique et l'individu tout entier souffrent de leur amoindrissement ; si le nerf organique devient malade, les forces organiques suivent la dégradation en plus ou en moins ; le dérangement de leur équation serait la mort (1). Ils restent donc dans le même rapport jusqu'à la mort. Quel admirable fait !

Comme le sang est le liquide légal de leur entretien, si le sang s'appauvrit, les forces organiques et le nerf organique suivent son rapport ; si au contraire le sang devient riche, c'est-à-dire de plus en plus légal, les forces organiques et le nerf organique s'y proportionnent ; voilà où nous voulions conduire notre aimé lecteur.

C'est donc de bonnes expressions que celles de *pur-sang, de sang-mêlé, de sang-pauvre, de sang-riche, de sang-noble, de sang-mélangé, de sang de rue, de sang de troupeau.*

Car la constitution organique suit le rapport de l'état du sang, après avoir suivi celui des forces organiques de génération, provenant des pères et des mères, qui représentent la qualité tonique de la race ou la filiation de quinze ancêtres paternels et de quinze ancêtres maternels comme nous le verrons plus loin.

Ainsi dans le langage physiologique, on peut accepter ces mots de pur-sang, de sang-mêlé, etc., etc., par cela même que le sang représente les forces organiques, sur

____

(1) *Exposition des formules des forces vitales*, page 49, grand in-18. Paris, 1862, J.-E. Cornay.

lesquelles, seules, reposent la reproduction des animaux et la race !

Mais il y a ici un point important qu'il faut nettoyer d'erreur, savoir :

On croit dans le monde que le pur-sang, c'est-à-dire pour nous, *la plus légale expression typique de la race,* que le pur-sang ne peut exister que dans la race anglaise de course (1) ; eh bien, c'est là une très-grande erreur, une erreur grave et funeste qui a coûté beaucoup trop à notre trop généreux pays !

Qu'on le sache bien, le pur-sang peut être obtenu et doit être obtenu, dans chaque race que l'on voudra conserver.

On doit donc ramener chaque race à sa pureté omaimogamique, et en cela, la taille moyenne et la forme proportionnelle de la race à perfectionner sont des éléments de valeur.

La question ne saurait être plus éclairée ; n'est-ce pas une vive lumière de sagesse, succédant tout à coup à un pêle-mêle et à une obscurité complète, dans lesquels l'intuition seule était insuffisante à guider l'homme incertain et de bonne foi ?

Croyez-nous, laissez les chevaux de course aux hippodromes, et la France, en perfectionnant ses races chevalines régionales, aura plus tard la première cavalerie du monde !

(1) La race anglaise de course est la plus haute expression d'une race de course, mais elle n'est utile qu'à cela par ses disproportions ; comme reproductrice, elle détruit et décompose les autres races.

L'œuf animal.

Les savants de la France travaillent, surtout depuis Buffon, qui a ouvert la voie, à constituer la science de la *cosmogonie légale*. Beaucoup y ont concouru malgré leur croyance présente, et y concourent encore, sans s'en douter, en étudiant l'histoire naturelle, la géographie, la géologie, l'astronomie et les autres sciences qui s'y rattachent.

Ce qui nous est resté des connaissances de l'antiquité, sur le sujet de la *genèse du monde,* nous est offert en débris de monuments épars sur cette partie de la terre, connue des anciens Assyriens, Égyptiens, Juifs, Syriens, Grecs, Romains et Gaulois, sol qui, malgré son étendue, fut vingt fois ravagé par des conquérants avides, dans des guerres odieuses et de rapine.

La science antique, qui était probablement complète, fut toujours voilée par l'égoïsme des prêtres, sous des personnages sculptés, des monuments symboliques ou des emblèmes ; ce fut sans doute utile ; aussi à peine si quelques fragments de manuscrits et de légendes, pleins de mystères, nous sont parvenus au milieu de cette conflagration générale et successive des peuples, voués forcément, chacun de leur côté, depuis ces siècles reculés, à l'ignorance de l'adoration des images et aux cultes partiels et idolâtres.

Le but de la science est donc de ramener tous les peuples à *l'unité de vue,* relativement à Dieu, par la connaissance de la *loi de la genèse* du monde matériel, qui est *son grand œuvre*.

Ce but grandiose de la science tient au bonheur futur des hommes et à leurs relations amicales.

En étudiant les sociétés humaines dans les époques, on constate que lorsqu'un peuple était arrivé à connaître la cosmogonie, il bâtissait un *temple symbolique* de cette cosmogonie, qui, vu la période, ne pouvait être que relative; la Chine, l'Amérique, l'Inde, la Syrie, l'Égypte, la Judée, la Grèce et Rome eurent des temples cosmogoniques. La Gaule avait pour temple la voûte des cieux!

En France, nous ne sommes pas encore rendus à *l'édification du temple de la nature, du temple du grand œuvre du principe;* mais les savants y marcheront avec entraînement et sagesse, nous en possédons déjà de bien grands éléments.

Deux précieux monuments nous sont venus de l'antiquité :

1° Ce sont les zodiaques du temple de Dendérah, temple de la cosmogonie légale de l'Égypte antique;

2° Les livres de Moïse ; son livre de la *Genèse* surtout (1)!

D'après les documents que Moïse nous a laissés, il est évident qu'il ignora totalement l'existence et la valeur scientifique des zodiaques de Dendérah, qu'il ne reçut jamais un tel degré d'initiation des prêtres égyptiens, car il n'aurait pas manqué de conserver ces connaissances supérieures à son peuple qu'il dirigea avec tant de savoir.

Nous ne connaissons ces zodiaques que depuis l'invasion

---

(1) **Tout le reste n'est que de l'histoire ancienne ou des préceptes qui cachent parfois certains points importants de science et de philosophie.**

des Grecs ou d'Alexandre, et nous ne les possédons que depuis la conquête de l'Égypte par le général Bonaparte.

Les livres de Moïse renferment les plus grands renseignements physiologiques, tels que la description de la genèse, *l'idée de l'Adam spirituel,* celle de l'Adam déterminé, l'arbre de science, l'arbre de vie, l'arche de Noé ou équation de génération ; tout cela est de la plus haute importance physiologique.

Mais les zodiaques ont une valeur si inappréciable, qu'ils devraient être conservés dans une châsse d'or.

En effet, le zodiaque circulaire est la formule physiométrique de la vie animale dans le cercle, ou plutôt à la surface terrestre (1).

Tandis que le zodiaque rectangulaire paraît être la formule physiométrique de la vie chimique dans la nature.

Reportons-nous à ces temps anciens de l'Égypte, et nous concevrons, par cette science profonde et cette grande civilisation, que cette civilisation était alors un perfectionnement d'un autre état barbare ancien.

On nous enseigne que le monde n'a que 5,000 ans d'existence : cependant l'examen des révolutions des corps célestes, qui circulent dans l'espace, pendant de longues périodes, et celui des couches de terrain de notre globe, nous démontrent l'erreur de ce *nombre-âge.* D'ailleurs, pour arriver aux connaissances supérieures exprimées dans les zodiaques, qui ont eux probablement plus de 5,000 ans, il a fallu plus de 5,000 ans, en partant de l'état de première ignorance des hommes de la genèse.

Les hommes, dès le commencement, n'eurent évidemment que des cabanes et des grottes pour demeures.

_____

(1) Voyez notre explication du zodiaque dans *le Mélisme animal,* page 110, avec planche, grand in-18. Paris, 1863, J.-E. Cornay.

Les déprédations des nomades et les actes des animaux sauvages les obligèrent à construire des entourages de bois et d'épines.

Mais ce fut la guerre qui nécessita la première enceinte qui, d'abord construite de quelques pierres, se changea peu à peu en ces murailles élevées faites de pierres brutes et cyclopéennes, infranchissables par leur hauteur. De cette période aux outils défectueux à celle des splendeurs monumentales et d'ornementation de l'Assyrie et de l'Égypte antiques combien n'a-t-il pas fallu de siècles ?

Songez que tous les arts étaient connus de l'Assyrie et de l'Égypte anciennes : architecture, sculpture, ciselure, dessin, géométrie, calcul, verrerie, fonderie, tissage, dentelle, émaux, orfévrerie, etc., etc ; enfin c'était le grand *siècle de la coudée*, de la mesure géométrique prise sur l'homme, dont la longueur a été oubliée et est restée inconnue jusqu'à nous ; c'était le *siècle du Sagittaire*, du *Centaure*, représenté dans le zodiaque même et que nous venons de découvrir être la figure physiométrique de la proportionnalité de l'homme et du cheval géométriques ; dans la suite de ce travail nous saurons ce que cela veut dire (table 3, tableau 10).

Ce que nous avons à exposer sur *l'œuf animal* se rapporte par les nombres à ceux exprimés dans le zodiaque circulaire de Dendérah pour les forces.

L'homme ici est pris comme type d'étude ; mais avant de parler de l'œuf, expliquons les rapports *de la substance, des forces chimiques* et des *forces organiques.*

Qu'est-ce que la substance ? La substance est ce qui constitue ou ce qui nourrit ; à côté d'elle est toujours le principe qui organise ou qui féconde.

La substance et le principe (1) traversent ensemble toutes les stases, depuis la *stase légale* ou spirituelle, *qui marque l'attribution,* jusqu'à la stase organisée. Aussi, il y a la substance et le principe : *de la matière,* des *forces chimiques,* des *forces organiques,* des *gaz,* des *liquides,* des *solides,* des *êtres organisés.*

L'équation, la proportion, la progression, les propriétés des nombres font loi dans la genèse et dans la reproduction pour les quantités de substance et de principe attribués par le Créateur dans la constitution des espèces matériales, végétales et animales.

La substance et le principe des forces chimiques sont des quantités de matière qui leur sont attribuées.

Les forces chimiques sont la moitié des forces organiques.

Aussi les forces organiques sont *l'équation double* des forces chimiques ; ainsi :

La force active chimique est de 10,800 \
La   —   passive chimique est de 10,800 } accords \
La   —   active organique est de 21,600 { de forces. \
La   —   passive organique est de 21,600 /

La femme humaine dans la reproduction, comme toutes les femelles, représente la *substance légalisée* ou la substance spirituelle à l'état de détermination organique, physique, matérielle dans le nombre.

____

(1) A mesure que la substance principe s'avance plus près de la stase organisée, en se multipliant dans le nombre par 3, dans chaque stase, ce qui est produit par la division de ses nombres, elle devient plus complexe.

L'homme dans la reproduction, comme tous les mâles, représente le *principe légalisé* ou le principe spirituel (1) à l'état de détermination organique, physique, matériel, dans le nombre.

Le principe légalisé est aussi appelé *substance mâle* ou du père.

La substance légalisée est aussi appelée *substance femelle* ou de la mère.

On peut dire également la substance de l'œuf, la substance du fils, la substance du globe, car tout cela est déterminé dans les nombres et fonctionne dans la loi des proportions, des progressions et par équation.

Le globe terrestre est un vitellus nourricier qui contient tous les éléments de la substance des êtres organisés qui doivent vivre à sa surface; en effet, il recèle les corps simples formateurs des tissus de tous les êtres qui s'y multiplient, en sorte qu'à mesure que les hommes et les êtres organisés se multiplient, le globe (2) fournit la substance utile aux reproductions.

Et voici comment : d'abord, les plantes se nourrissent de corps simples, plus ou moins associés entre eux; secondement, les herbivores se nourrissent des plantes; enfin les carnivores et l'homme, qui est omnivore, se nourrissent des herbivores et même des plantes.

---

(1) Le principe spirituel ou légal, la substance spirituelle ou légale ou en attribution de genèse dans le nombre $\times$ 3 donnent le principe légalisé et la substance légalisée, c'est-à-dire la matière dans le nombre. (Voyez la table de la genèse matérielle.)

(2) En parlant du globe, nous entendons la terre, l'eau et l'atmosphère. L'atmosphère est pour nous *le moyen* du mouvement alternatif et rhythmique chez les êtres à la surface du sol dont la respiration de l'homme est un exemple.

C'est ainsi que la substance fournie par le globe est préparée par les plantes, pour passer par les divers êtres qui la préparent de nouveau; enfin elle est préparée encore par la digestion de la mère, organisée, pour aller, transformée en sang, nourrir le fils produit, vivant dans l'utérus. Quelle magnifique simplicité de ressorts!

Mais à la genèse, le globe terrestre que fut-il? un *œuf animal complexe,* régi par *l'incubation solaire* dans la loi divine des nombres! Voilà la genèse au début pour les êtres organisés. Nous connaissons le mode de la genèse matériale du globe, nous en parlerons dans un autre travail.

Revenons.

La substance organisable végétale ou animale possède ses forces chimiques, mais elle n'obtient ses forces organiques que par l'intermède de l'ovule fécondé ou de la mère, chez le fils, dans la période de reproduction, et elle ne conserve ses forces organiques ou organisantes que chez le végétal ou l'animal vivant; car le végétal ou l'animal mort n'a plus que la substance qui possède ses forces chimiques, l'âme organique est séparée, les forces organiques sont parties!

La substance organisable ou organisée est représentée dans les calculs par 90 ou 900, etc., accords.

Dans la génération, elle est fournie par moitié par la mère et par moitié par le père, ou $45 + 45 = 90$.

Dans la génération, les forces organiques sont également fournies par moitié par le père et par moitié par la mère au moyen du sperme et de l'ovule. L'ovule fécondé de la femme contient donc 21,600 de forces paternelles et 21,600 de forces maternelles, ou 43,200 de forces.

En analysant ces forces, elles se dédoublent ainsi :

$$
\left.\begin{array}{lll}
10,800 \text{ de force active} \\
10,800 \quad\text{—}\quad \text{passive}
\end{array}\right\} \text{paternelles (1)},
$$

$$
\left.\begin{array}{lll}
10,800 \quad\text{—}\quad \text{active} \\
10,800 \quad\text{—}\quad \text{passive}
\end{array}\right\} \text{maternelles.}
$$

On voit que le fils possède les forces chimiques en équation double ; ce qui constitue chez lui les forces organiques, l'âme organique !

Le sperme est la *substance mâle* ou active ; le *liquide de l'ovule* est la substance femelle ou passive.

Après la fécondation de l'ovule et lorsque l'équation des substances du père et de la mère et celle de leurs forces organiques sont par cela même opérées, la mère devient vitelline, et fournit, absolument comme le vitellus ou jaune de l'œuf des oiseaux, ou le cotylédon de la graine, la substance et les forces (2) nutritives à l'ovule fécondé, à l'embryon plus tard, et enfin au fœtus, et la substance et les forces de nutrition ou végétatives fournies par la mère prennent l'équation de la substance et des forces organiques de fécondation.

Mais que deviendrait la reproduction si nous étions privés des forces solaires ? Elle serait impossible, car c'est le soleil qui fournit les forces végétatives générales, c'est lui qui a régi la genèse et qui régit la reproduction comme une mère, par incubation.

Nous entendons dire quelquefois que lorsque le globe terrestre sera complétement habité ou qu'il sera rendu à

---

(1) Chez l'homme individu les forces organiques sont donc en équation simple.

(2) Pour l'œuf des oiseaux, c'est la mère qui fournit les forces végétatives par l'incubation.

son terme possible de population végétale, animale et humaine, il faudra que les chefs fassent exécuter des sacrifices humains pour débarrasser le sol de l'excédant de population. Cette manière d'envisager l'avenir nous paraît une grossière erreur, car, tout étant proportionnel dans la nature, le globe doit contenir exactement les éléments constituants de ses populations.

Non, les sacrifices humains ne sont pas utiles actuellement et ne seront jamais utiles, ou les nombres ne seraient pas les nombres, et la justice générale ne serait pas parfaite. Les forces solaires sont fondées sur le nombre 43,200 ; mais les zéros ne doivent point être ménagés, nous pensons, car il régit tout son système planétaire par ses forces végétatives.

Maintenant la substance, les forces chimiques, les forces organiques, les forces végétatives, sont différenciées !

Si la terre est une sorte de vitellus, de magasin de substance ou de nourriture, pour la multiplication et l'entretien des espèces qui sont appelées à vivre à sa surface, elle continuera à fonctionner, aidée des forces solaires, jusqu'au moment où ses populations seront complétées, alors les naissances se régulariseront sur les décès. Tout ce que nous avons dit était utile à l'étude de l'œuf animal, à l'étude de l'œuf humain qui est le type.

Nous disons donc que *l'œuf humain représente la sphère,* car il commence, comme elle, par 43,200 accords de forces de genèse ou de génération, tandis que, comme la sphère, sa substance débute par 90 accords : 45 fournis par la mère, 45 fournis par le père ; et puisque l'œuf doit contenir 90 modifications de tissus, il est évident que chaque tissu prend origine par 480 de forces actives et passive et 1 de substance, paternelles et maternelles. La substance se multipliant par les forces chez l'embryon, le fœtus offre à son début l'équation de 480 de substance :: 480 de forces, et pour cela il faut 3 mois ; voilà un *nombre-heures* d'organo-genèse, car la règle d'accord donne 3, 6, 9 ; puis le fœtus se développe dans l'utérus, par la loi de la substance déterminée. Il est déterminé en effet, c'est-à-dire qu'il multiplie sa substance et ses forces par 90, ce qui fait $480 \times 90 = 43,200$, savoir 43,200 de force, 43,200 de substance. Arrivé à cet état, le placenta se détache de la matrice, dans laquelle le fœtus joue désormais le rôle de corps étranger, et pour cela il faut encore six mois : voilà un autre *nombre-heures.*

L'enfant qui vient de naître, dont le nombre est 43,200 de force, et 43,200 de substance, multiplie ce nombre jusqu'à l'état adulte par 90 de substance déterminée, ce qui fournit le nombre adulte 3,888,000, car $43,200 \times 90 = 3,888,000$. L'homme a trois époques de la naissance à l'âge adulte, la première à 7 ans 2 mois, la seconde à 14 ans 4 mois, la troisième à 21 ans 6 mois, marquées par la dentition, la puberté et le raisonnement.

On voit bien que l'œuf humain représente exactement la sphère, car il commence comme elle par 43,200 accords de génération, qu'il arrive chez le fœtus à 90 couches de tissus, comme la sphère eut 90 couches de corps simples, ce que nous réduisons à 89, à cause de la perte des membranes enveloppantes (1) pour le fœtus et de la force passive chimique pour la sphère.

Les œufs des autres animaux sont dans les rapports de leurs nombres-forces.

____

(1) Moïse indique dans sa genèse les membranes enveloppantes de l'œuf (le chorion et la caduque) ; lorsque Adam et Ève, encore spirituels, s'organisèrent dans leurs œufs genésiques, — il dit : Le Seigneur Dieu fit aussi à Adam et à sa femme des habits de peaux dont il les revêtit. (*Genèse*, chap. III, vers. 21.)

La forme de l'œuf n'y fait rien, mais le nombre des accords de génération, *au centre de génération,* fait tout.

Souvent dans nos calculs nous disons le père est 30, la mère est 30, ils fournissent par moitié au fils, ou 15 + 15 = 30 le fils.

Nous ne considérons alors que la substance spirituelle dont le nombre est 30, et non la substance déterminée dont le nombre est 90. Quand il s'agit des animaux, la substance est déterminée, elle est matérielle ; il est mieux de dire le père est 90, la mère 90 ; ils fournissent par moitié au fils, ou 45 + 45 = 90 le fils.

Nous expliquons cela, parce que les anciens Égyptiens avaient représenté *la substance divine par un corps de femme,* et qu'ils lui avaient reconnu le nombre trinitaire 3, 30 ou 300, etc., en décimales.

Lorsque l'on voit un bel animal, on peut dire : voilà la substance dans sa beauté de distribution, dans sa belle organisation.

La substance déterminée à l'état chimique, s'organise par les forces organiques ou organisantes, l'une passive qui réunit, l'autre active qui fait circuler, et les deux en se combinant organisent et distribuent la substance sous une forme qui leur est proportionnelle.

Dans l'œuf : telle est la substance, telles sont les forces organisantes proportionnelles, tel est le produit.

Le moindre trouble apporté dans l'œuf, à la substance, ou aux forces légales d'une espèce, fait naître le vice d'état dans le produit.

Tout repose, pour l'état physique de l'individu, sur la constitution primitive de son œuf de production.

Tel père, telle mère, telle constitution d'œuf ; telle constitution d'œuf, telle nature individuelle.

Il y a des œufs d'espèces pures, des œufs de races

pures, des œufs métis d'espèces, des œufs mélis de
races.

Des œufs malades constitutionnellement.

A la genèse, tous les œufs étaient d'espèces pures.
Dans la reproduction, l'homme doit veiller à ce que les
œufs soient d'espèces pures ou de races pures, et débar-
rassés de toutes les souillures acquises.

Maintenant que nous avons appris à nos lecteurs à connaître cette loi d'harmonie et des nombres qui s'exprime
dans la reproduction comme elle s'est dévoilée dans la
genèse, ne leur semble-t-il pas, lorsqu'ils se recueillent ou
s'absorbent dans leur esprit, par ce mouvement réflexe des
sens qui concentre la pensée, qu'ils assistent à la genèse
des êtres et à la distribution, à des latitudes proportionnelles, de la substance attribuée par la loi, en ces progressions innombrables des espèces de la nature ?

N'entrevoient-ils pas cette vaste équation d'équations
chimiques de la substance légale et des forces organiques
ou organisantes ?

Ne voient-ils pas cette répartition par quantités appropriées, et cette formation équationnelle des ovules, à la
surface liquide albumineuse et tiède du globe, sous l'action des forces solaires végétatives, suivant la ligne primitive terrestre équatoriale de parcours du soleil sous
l'action d'incubation des forces solaires ? Ne touchent-ils
pas, par leur esprit, cette loi des nombres et d'harmonie,
par laquelle l'être des êtres a tout prévu dans les éléments, les rapports, les contacts, les durées, les pouvoirs,
les appétits, les besoins, les excitants, les mœurs, les cor-
rectifs, les heures, quand chaque être n'arrive que lorsque tout est préparé pour le recevoir, quand chaque espèce a son but, qu'elle remplit avec ardeur et d'instinct,
et tout cela sans que cet immense nombre d'êtres diffé-

rents qui s'ébattent dans l'abondance, dans les airs, les eaux et sur le sol, ne puissent aucunement nuire à l'ensemble, ou altérer le plan magique d'une création si grandiose, puisqu'elle résiste à tout événement, que l'homme est obligé d'admirer et de remercier le principe du tout.

La loi d'évolution.

Si, des actes de notre volonté humaine, souvent incohérents ou qui manquent dans beaucoup de cas de liaison, nous reportons notre pensée sur les actes fixes et si calculés de la vie, bientôt notre étonnement, de profond qu'il était, s'élève jusqu'à l'émotion la plus vive en voyant cette distribution inaltérable des harmonies dans l'univers et cette réglementation mathématique des espèces, des faits, des rapports, des détails, des existences, des heures !

Si nous avions affaire à un mécanisme local de l'industrie, nous nous écrierions en frappant des mains : Quel magnifique rouage !

Mais en présence de cet immense circuit vital des forces qui, parcourant le monde, organise et remue la substance dans les globes, et les globes eux-mêmes, que pouvons-nous dire, sinon que si le tout n'avait point été ordonné dans les nombres, qui font loi, il n'y aurait inévitablement qu'une grande confusion de l'être matériel.

L'intelligence entière s'est donc déterminée en tout ce qui est possible et en tout ce qui peut exister sur ce globe et dans les autres globes, espèces et lois, et cette sagesse légale, répandue dans l'univers, fait naître la stupéfaction, en même temps que l'admiration la plus vraie, quand on se trouve à même de pouvoir comprendre ses sublimes profondeurs.

Il en est de même de la *loi d'évolution*, loi générale, qui touche à tous les détails de la création et qui s'observe au début des existences les plus fragiles et les plus longues, comme à la chute de ces existences temporaires.

Les deux extrémités du *diamètre de la vie* des êtres sont deux points que marquent des actes d'évolution.

L'évolution est le commencement du mouvement de transformation de l'état présent d'un ensemble vital ou d'un être matériel, végétal ou animal; c'est le *premier moment du passage d'un état à un autre état,* qu'il soit supérieur ou inférieur.

L'évolution se voit au début de tout ce qui naît, de tout ce qui commence ou recommence dans la vie, de tout ce qui finit, se transforme, transmigre ou se métamorphose et s'unit; les nombres parfaits, proportionnels, complets ou accomplis, dans les espèces et chez les espèces, la dé-terminent.

Grande loi qui *marques les heures dans la nature* et les époques dans les sociétés, sur quelle base es-tu donc appuyée, si ce n'est sur la *loi des nombres?* C'est, en effet, ce qui est : par cela même que chaque être, depuis la cellule jusqu'à l'homme, a son nombre d'accords de forces d'existence, et de genèse ou de génération.

Le mot de fécondation exprime l'acte d'équation de la substance du père et de la substance de la mère, l'acte d'équation des forces organiques du père et des forces organiques de la mère.

C'est cette équation des substances et cette équation des forces qui constituent la fécondation de l'ovule; dès lors que l'ovule est féçondé, les substances unifiées et les forces unifiées dans l'œuf fécondé sont dans leur rapport d'organogenèse, ce qui donne à l'ovule la faculté de se greffer dans l'utérus, et lorsqu'il est greffé il y a évolution d'organogenèse.

L'évolution d'organogenèse se produit donc lorsque tous les addents ou participants de formation sont en présence et en équation dans le lieu, le milieu et le moment convenables.

On voit alors les forces organiques qui transportent la substance nutritive des capillaires placentaires comme d'un cotylédon ou d'un vitellus, vers des lieux et suivant des lignes et des dispositions fixes, suivant des époques ou plutôt des heures appropriées à l'ordre et aux moments fixés de génération des 90 modifications des tissus de l'embryon-fœtus. On voit les forces distribuer la substance par cellules, fibres, membranes, organes, espèce, dans les *nombres attribués.*

Le moment où commence ce travail d'organogenèse, que nous avons nommé *évolution d'organogenèse,* est le fait de l'évolution de la substance nutritive par les forces organiques ou organisantes.

L'évolution d'organogenèse est établie sur ce fait que la substance doit se mettre en équation de nombre avec les forces, et c'est par nutrition que se fait cette équation.

La loi d'évolution repose donc, dans l'espèce, sur le rapport proportionnel de la substance attribuée aux forces organiques attribuées (1), dans d'autres cas aux forces

---

(1) C'est ce que notre Buffon appelait *moule intérieur,* dans son beau langage, qui marque chez lui l'intuition du fait; c'est ce que nous appelons la substance et les forces organiques attribuées à la génération qui est moule intérieur.

végétatives attribuées, ou bien encore aux forces motrices attribuées, aux forces sensibles attribuées, etc.

Les forces étant chez l'homme de 43,200 accords, l'évolution de la substance est à 90 accords, ou comme 480 : 1.

La substance est appelée par les forces jusqu'à l'équation 43,200 :: 43,200; mais, dès lors, le fœtus est à terme; ce terme est marqué par un moment d'évolution; le produit, l'enfant, étant complet, le placenta tombe dans l'utérus de la surface de greffe; alors le produit de la conception, n'étant plus qu'un corps étranger à la mère, est chassé de la matrice, et l'instant où l'enfant prend sa première inspiration d'air, est le moment d'évolution de la vie individuelle.

L'évolution de naissance est le moment où le placenta tombe détaché; elle est occasionnée par l'état complet de l'équation de la substance et des forces chez le fœtus, ce que l'on caractérise vaguement par cette expression : le fœtus est à terme. Pour tout le monde, qu'aurait-il à faire ou à obtenir dans l'utérus ? rien!

L'évolution de la mort naturelle est fondée sur l'excès de substance par rapport aux forces organiques, ce qui détruit l'équation de nombre et de qualité.

La mort prématurée est le résultat du défaut d'équation des forces et de la substance, et souvent du déplacement des forces et de la substance, ce qui détermine les états morbides.

On voit bien que tout cela est fort utile à connaître, et les zooculteurs doivent avoir quelque idée de l'évolution.

A la mort, il y a le moment *d'évolution de transmigration* des forces organiques, qui constituent l'âme de l'animal ; il ne lui reste alors que des forces chimiques et la substance corporelle ; puis commencent à de certains moments différents, suivant les organes, les *évolutions chimiques* dans le cadavre, qui se continuent en réactions chimiques déterminées par les équations des corps simples, abandonnés des forces organiques ou organisantes, c'est-à-dire de l'âme de l'animal qui transmigre vers son lieu fixe attribué par la loi des nombres et que nous ignorons.

Étudions un peu maintenant les *personnifications* de la substance.

L'antiquité a représenté la substance par un corps de femme, en lui donnant différents noms, suivant les pays. Les Égyptiens avaient leur Isis ; les Juifs la nommèrent l'épouse, dans la Bible ; chez les Grecs et les Romains, Vénus était la personnification de la substance spirituelle ou légale ; on l'appela la Vierge dans le zodiaque, parce que la substance divine dont est formé chaque être reste toujours sans tache ou immaculée, malgré les décompositions, les putréfactions, les destructions des parties ou des espèces organisées ; toutes les évolutions sont les points de démarcation des transformations et des déterminations de la substance divine immaculée et immatérielle.

Le principe, l'époux, Osiris, quand il est déterminé, accompagne toujours *Abra*, cette demoiselle si parfaite, qu'on lui éleva partout des idoles ; on l'aima jusqu'à l'idolâtrie, ce qui la fit oublier pour l'idole ! Voici la substance divine immaculée. Il y avait aussi la personnification de la substance animale, matérielle, dans la Vénus animale, la Vénus impudique, l'Ève tombée, la femme coupable qui s'est déterminée, qui a voulu connaître l'effet de la loi. Enfin la substance fut personnifiée dans toutes ses attributions. Il y eut l'idole de la Vénus marine, adorée des marins, etc., etc. C'était le paganisme le plus complet au temps de la Grèce antique!

L'antiquité a sacrifié sur des autels la substance organisée, aux forces, hommes et bêtes, que l'on offrait aux dieux partiels; on l'a vu de nos jours par le sacrifice des veuves du Malabar, qui se jetaient dans les flammes d'un bûcher sitôt la mort de leur époux.

Le sacrifice d'Abraham, le sacrifice d'Iphigénie par Agamemnon, destiné à apaiser les dieux, en sont des exemples. On sacrifiait la substance à tout : aux fleuves, à la mer, aux dieux supérieurs, aux dieux mitoyens, aux dieux inférieurs.

Il y eut des autels nombreux pour les sacrifices, où l'odeur de la chair humaine se mêlait à celle des chairs animales et végétales; on voulait apaiser les forces par l'immolation de la substance déterminée.

Les Égyptiens, les Grecs, les Romains et bien d'autres peuples avaient des autels d'or en forme de trépied, dont le nombre 3 des supports représentait le nombre de la substance immatérielle 3, 30, 300.

Ils brûlaient aussi la substance des baumes sur des charbons ardents dans des fourneaux suspendus et la substance de l'huile dans des lampes.

Tous ces cultes idolâtres ne sauraient empêcher *les heures d'évolution* dans la nature et les chocs accidentels, car loi divine une fois donnée, tout s'exécute dans loi, malgré la volonté humaine et les prières, qui ne demandent que des réformes!

L'antiquité publiait que la femme écraserait la tête du serpent, ce qui voulait dire, l'excès de substance en toute chose détruira le circuit de la vie. La chute du monde matériel devait provenir de l'excès de substance par rapport aux forces; Isis devait fixer Osiris, suivant les idées de l'antiquité.

On sacrifiait donc la substance aux forces, afin de perpétuer la vie (1); car, pour qu'il y ait mouvement, il est utile que les forces l'emportent sur la substance, oui! mais dans des conditions que l'homme est inhabile à saisir, tant les substances sont différentes dans la nature; on en fit donc des cultes; ces cultes barbares, idiots, des dieux fractionnaires entretenus par des castes dont la science n'avait pas nettoyé l'intelligence, ont répandu dans l'humanité entière des pratiques de piété ridicule et mensongère, qui ont fait naître des guerres interminables et qui furent la cause première de tous les malheurs des hommes !

Le travail de la substance par les forces est un fait irrécusable, mais telle substance telles forces, et telles forces telle substance.

Les transformations de la substance, quelle qu'elle soit par les forces proportionnelles, sont déterminées dans des attributions ou des rôles temporaires dont les évolutions marquent les heures de naissance et de terminaison dans le *rapport spécifique.*

Sans ce grand fait de la *spécificité des êtres,* fondé sur la loi des nombres, il n'y aurait qu'un néant perpétuel, puisque tout est harmonie.

Souvenons-nous que la substance et les forces dans l'univers se *règlent dans les nombres,* et que leurs stases commencent et finissent par *des évolutions qui en marquent les heures comme une loi générale.*

- - -

(1) Ce qui se voit pratiquer journellement par chaque animal; en prenant sa nourriture, il sacrifie la substance organisée : c'est une loi.

La Race.

Si les animaux pouvaient nous comprendre, nous leur dirions : Que vous soyez hommes ou bêtes, suivez en tout votre loi.

Et votre loi est celle de votre race animale.

Nous avons avancé que la race était un *pouvoir* dans la reproduction, parce qu'elle repose sur l'équation des substances et des forces des précédents.

Mais l'origine de ce pouvoir remonte plus haut, puisqu'il existe mathématiquement dans chaque individu souche des éléments de 15 ancêtres paternels et de 15 ancêtres maternels.

L'origine de ce pouvoir remonte plus haut encore, puisqu'il provient de l'espèce même de la première genèse, et que l'espèce de la première genèse, par la substance et les forces constituantes de ses 90 modifications des tissus, remonte aux éléments légalisés qui lui furent attribués dans la loi des nombres, par le principe créateur même. Voilà l'origine du pouvoir de la race naturelle, qui, elle, n'est pas fondée dans l'égoïsme de telle ou telle souche individuelle, anomale ou non, de la descendance.

Car la souche individuelle ne se fait sentir en se dégradant dans les nombres que pendant 15 générations.

Pour faire comprendre cette importante question de la race, prenons l'homme pour exemple.

L'homme-espèce, d'après nos calculs faits sur l'ovaire de la femme, eut à la genèse 30 frères et sœurs, qui, multipliés par 12 ruts de la femme, firent 12 progressions toniques de frères et de sœurs, savoir : 30×12 = 360 personnes mâles et femelles, ce qui fit 180 couples par espèce.

Ces 180 couples représentent chacun une différence tonique ou une origine des races. Il y eut donc à la genèse, pour chaque espèce humaine, 180 origines des races ou descendances. Les races naturelles prirent donc origine comme types dans la tonalité ou la différence tonique des frères à la genèse.

Ou alors, si les *douze ruts* nous trompent, ce qui n'est pas, il y aurait toujours eu à la genèse 15 couples de frères par espèce, et par conséquent 15 origines des descendances de l'espèce.

On comprend bien que *les races ou descendances physiologiques* sortent des couples toniques de l'espèce primitive de la genèse, quelle que soit l'espèce prise pour exemple dans les 15 espèces humaines.

Comme il y a eu à la genèse 15 espèces humaines, dans le premier cas des 12 ruts, cela ferait 2,700 origines des races humaines pour les 15 espèces humaines; dans le second cas, où il n'y aurait eu que 15 couples toniques, il y aurait eu seulement 225 origines des races à la genèse, pour les 15 espèces humaines.

Toutes ces origines sont représentées actuellement par les sous-races blanches, rouges, jaunes, bistrées, noires humaines habitant les continents et les îles de ce globe.

Mais la première version est la vraie, est la seule qui réponde à nos calculs sur les forces. La loi de l'organisation est 15 : 15 espèces humaines, 15 métis entre deux espèces humaines, 15 espèces de tissus; la substance légale fournit 15 à la genèse, le principe légal fournit 15, les tissus sont formés par 15 corps simples; il y a eu dans la genèse matériale 6 progressions de 15 corps simples. Cette loi paraît s'étendre à la distribution des progressions spécifiques animales, etc., proportionnelle-ment à leurs nombres-forces fractionnaires de celui de l'homme.

La genèse unitaire, pour l'homme, comme pour les animaux, est si contraire à la loi des nombres, que nous ne savons pas pourquoi cette idée malheureuse : qu'il n'y a eu qu'un homme et une femme, qu'un éléphant, qu'un bœuf et leurs femelles, a résisté jusqu'à nos travaux. Ce-pendant la Bible dit : les animaux furent créés chacun suivant son espèce; c'est donc l'idée incomprise, la grande idée de l'Adam spirituel, qui a fait la méprise et qui a embarrassé les études.

Maintenant que nous connaissons l'*Adam spirituel*, nous marcherons tous vers la vérité!

Nous l'avons souvent professé, l'homme philosophique n'a pu obtenir ses connaissances cosmogoniques et phy-siologiques que par *déduction des faits présents*. Eh bien! en étudiant les ovaires, ne serait-ce pas un enfantillage d'admettre que, à la genèse, il n'y ait eu qu'un hareng pour tous les océans, ce qui aurait reporté la naissance de la baleine, qui s'en nourrit, à l'époque où les bancs de harengs eussent été engendrés par multiplication?

La baleine, dans un de ses représentants, vit 360 ans, car son serpent osseux est de 120 os, qui $\times 3 = 360$ ans de durée vitale. Elle représente, par sa vie autour du globe et son serpent osseux, le circuit de la sphère (1) dont elle fait le tour en se promenant; comme habitant

(1) Si une des baleines donne le plus grand circuit de la sphère, il est probable que les autres donnent les autres circuits parallé-liques de plus en plus petits, en allant vers les pôles; voici la oi trouvée, elle paraît exacte.

les eaux, elle est née une des premières parmi les mammifères et en même temps que les nombreuses tribus des poissons et des mollusques qui font sa nourriture, qui, comme décimalités, ont eu d'innombrables quantités d'œufs à la genèse.

Quoi qu'il en soit, les couples toniques des progressions humaines et animales de la genèse ont été l'origine des descendances ou races sauvages, qui furent, elles, le point de départ de nos *sous-races domestiques et déformées*. Comme on le voit, il a existé et existe actuellement des races naturelles se perpétuant encore pour beaucoup d'animaux dans l'état sauvage.

Mais chez les animaux domestiques, il n'existe pas autre chose que des sous-races plus ou moins belles, plus ou moins laides, sous-races qui, produites d'abord dans les régions où elles avaient acquis des proportions fixes, ont été très-altérées par des mélanges qui leur ont enlevé les précieux caractères qui les faisaient admirer comme races de cavalerie, de trait, de boucherie, de chasse, etc.

Il y a deux moyens de constituer les sous-races domestiques .

Le premier est de respecter les alliances de la tribu régionale, et cela dans chaque région.

La deuxième est d'obtenir, en *croisant deux races* ou deux sous-races, une sous-race nouvelle, que l'on dirige dans une ferme spéciale et dont on respecte les alliances dans la nouvelle petite tribu qu'elle forme peu à peu.

Comme on le voit, c'est entre proches parents que se pratiquent les alliances pour constituer une descendance racière, et le fait de ces alliances dans la tribu, nous le nommons *omaimogamie*.

Par ces moyens réellement pratiques et scientifiques, on

obtient de tels résultats qu'ils n'ont nullement besoin de plus grands détails.

La race se montre dans la succession du type primordial par l'action même des *producteurs omainiens* dans les âges de la descendance.

Un producteur ou une productrice n'ont pas une action très-persistante dans une descendance, leurs éléments décroissent toujours par moitié dans les 15 générations qui les suivent, et si l'on n'avait pas des types semblables au type primordial pour chaque génération, la race serait bientôt anéantie.

C'est pour cela que le mariage omaimien ou dans la tribu régionale est la plus haute expression de la vérité et de l'utilité.

De ce fait que les éléments d'une souche ou d'un producteur quelconque s'éteignent en 15 générations, nous déduisons le fait suivant : la femme dans la génération faisant loi, comme elle est improductive généralement avant 15 ans et après 45, l'âge moyen de ses alliances est 30 ans; or, en multipliant 30 ans par 15 générations, on obtient $3 \times 15 = 450$ ans. Ainsi, toute souche humaine s'éteint en 450 ans. Voyez, au reste, le premier tableau, table 3e, vous y verrez l'extinction des souches de tous les animaux, depuis un an, comme âge moyen, jusqu'à 80 ans, comme âge moyen d'alliance des femelles; c'est une des tables remarquables de notre travail.

Mais pour l'homme, c'est bien rare qu'une souche résiste pendant 450 ans sans supercherie.

D'ailleurs, il ne reste de la souche, à la sixième génération, qu'un trente-deuxième des forces initiales de cette souche. Quelle faiblesse de sang, cette sixième génération!

Un frère est bien plus consanguin pour un frère que l'enfant qui naît de son propre fils.

On doit donc toujours rattacher la race dans les alliances aux éléments de la tribu régionale, afin de continuer le type dans la descendance et d'en obtenir une filiation.

Ne confondons jamais les races naturelles ou descendances sauvages de l'espèce que l'on retrouve encore en liberté ou en libre parcours, avec les races domestiques ou déformation de l'espèce, qui sont le fruit du travail de l'homme dans les diverses régions des territoires.

Mais que dirons-nous maintenant à ceux qui voudront nous persuader que leur *noblesse date des croisades?* Nous pourrons répondre : Pour le titre, c'est peut-être oui ; quant au sang, c'est bien non ; car, à la seizième génération, il n'y a plus rien de la souche : en admettant une continuité de seize générations, cela n'irait pas à l'an 1270 (1), sous Louis IX, époque de la septième et dernière croisade. (Consultez sur ce sujet la 1re table du 2e tableau.)

C'est probablement de ces faits qui ont inspiré à Salomon ces paroles de sagesse :

Vanitas vanitatum! etc.

____

(1) 1864 — 450 = 1414. Charles VII régna en 1422, par l'intermédiaire de la jeune et vaillante Jeanne d'Arc, vierge héroïque de la France.

La coudée de l'homme géométrique est l'unité et l'étalon naturels de mesure cosmogonique.

Le jour se fait dans les ténèbres, et déjà l'on conçoit comment les multitudes des êtres peuvent fonctionner, vivre, se reproduire, et prendre leur maximum individuel de *proportions légales,* dans la réglementation même de la loi équitable des nombres, par la distribution des *substances appropriées,* organisées par des forces proportionnelles attribuées.

Les dimensions dévolues à l'animal en général sont la résultante de la quantité et de la qualité des forces, agissant sur la substance de quantité et de qualité données, la qualité de la substance et la qualité des forces d'un individu étant le produit de l'état physiologique de ses 15 antécédents masculins et de ses 15 antécédents féminins.

La qualité dépend aussi des nombres proportionnels des influents, c'est-à-dire du lieu et du milieu de son habitat.

Si la *lumière fait loi,* pour connaître les *heptaves de distribution* des forces et de la substance,

La *coudée humaine* seule fera loi pour connaître les *proportions de longueur des êtres.*

Les dimensions des diverses parties de l'animal sont proportionnelles entre elles et avec la taille dans l'état physiologique. Dans l'état domestique, les proportions sont plus ou moins dérangées, et le tout se déduit des équations des nombres des précédents ou producteurs.

En recherchant la mesure naturelle des proportions des êtres, des espèces si l'on veut, de l'homme aussi, du globe enfin! l'on comprend bientôt qu'elle ne doit point être fournie par la *taille humaine* ou hauteur de l'homme du sol à la surface pariétale, *parce qu'un entier,* en quelque sorte, ne peut pas fournir la *mesure des parties.*

On doit donc rechercher ailleurs que dans la taille cet *étalon de mesure,* qui se présente à nous naturellement dans l'*appendice indicateur,* savoir : *l'avant-bras et la main,* employé instinctivement par les populations et par les savants de la plus haute antiquité sous le nom de *coudée.*

Voyons d'abord l'état de la question. En étudiant la coudée (table Ire du 9e tableau) dans les livres des anciens, on arrive à cette conclusion : que la coudée avait une *longueur différente* pour chaque peuple. Les *coudées babylonienne, égyptienne, hébraïque, grecque, romaine, chinoise, olympique, d'Hérodote,* etc., etc., ont chacune une longueur particulière dont on ne peut donner même qu'une réduction très-approximative à nos mesures actuelles. Cependant nous pensons que les Assyriens et les anciens Égyptiens connaissaient la *vraie coudée géométrique,* dont ils ont voilé la *longueur réelle* sous une autre longueur, dont ils connaissaient, seuls, la différence, différence dont ils tenaient compte dans leurs calculs. Il n'est pas possible que des hommes aussi instruits que l'étaient les prêtres de ce temps, ne soient point arrivés à connaître intégralement une mesure qu'ils avaient comprise par l'*idée géométrique,* en sorte que nous pensons qu'ils connaissaient la vraie coudée géométrique; mais rien dans les longueurs des coudées qu'ils nous ont laissées ne l'indique.

Cependant ils nous ont transmis les moyens de la découvrir, savoir :

1° Ils ont dit : la *coudée humaine* a 24 doigts;

2° Le *doigt est le travers du doigt,* et comme on mesurait la coudée de l'extrémité du coude à l'extrémité du doigt médius, il est évident que le doigt n'est que le travers du doigt médius;

3° Le *grand palme* ou longueur du pied de l'homme, du talon au bout du gros orteil, est de douze doigts ou d'une demi-coudée;

4° La *paulme* ou *paume de la main,* quatre doigts;

5° Le *petit palme* ou la paume, plus le doigt médius, est de 8 doigts;

6° Le *pouce* ou largeur du pouce de la main, un doigt 1/3;

7° Le *pied de coudée,* 16 doigts ou les deux tiers de la coudée;

8° Le *pas simple,* deux pieds et demi ou 40 doigts.

Voilà les éléments importants fournis par l'antiquité, que nous avons su, avec peine, réorganiser.

Les anciens étaient fort savants; ils avaient des mesures de longueur, des mesures itinéraires, des mesures olympiques, des mesures de capacité, des mesures graves, parfaitement établies. Mais l'égoïsme des chefs cachait soigneusement les *étalons de ces mesures,* dans ces temps barbares et de guerres de dévastations, afin, sans doute, que l'ennemi n'en profitât pas après la destruction des cités.

Bien que nous ayons les éléments réels en doigts de la coudée et de ses divisions, cela ne nous procure en rien la *longueur de la coudée géométrique,* car ces éléments sont absolument les mêmes pour toutes les coudées; *ils sont proportionnels à chaque coudée;* ainsi, par exemple, une coudée de deux mètres aurait toujours 24 doigts, parce que tout est proportionnel dans les divisions des coudées et des parties de l'homme quelle que soit sa taille.

En sorte que pour découvrir la coudée géométrique, nous devons procéder scientifiquement sur l'homme. Ce qui se présente d'abord, est de découvrir la taille moyenne de l'homme et la taille moyenne de la femme, car c'est *l'espèce humaine* qui donnera la coudée géométrique.

Or, en étudiant et mesurant les diverses tailles de l'homme et de la femme (table IIe, 9e tableau), nous arrivons à cette conclusion : que la taille moyenne de l'homme dans les 15 espèces humaines est de 1,800 millimètres, et que la taille moyenne de la femme dans les 15 espèces humaines est 1,400 millimètres, en sorte que, en additionnant ces deux tailles moyennes, 1,800 $+$ 1,400 $=$ 3,200, on obtient le nombre 3,200, qui, divisé par 2, donne 1,600 millimètres comme taille *logarithmo-géométrique*. Ce nombre est, en effet, le résultat d'une progression par différence et d'une progression par quotient que l'on peut établir d'après la IIe table des tailles proportionnelles, en faisant la même opération pour les tailles supérieures et pour les tailles inférieures à la taille géométrique.

Voilà la grande découverte faite *de la taille géométrique de l'homme-espèce*.

Pour arriver à la coudée géométrique, l'opération est bien facile, puisque nous avons trouvé que la taille humaine était quatre fois la coudée, en divisant 1,600 par 4 *on obtient 400 millimètres, la coudée simple géométrique* est donc de 400 millimètres. Mais comme en tout, l'homme et la femme doivent être représentés, la *double coudée de 800 millimètres* sera la mesure géométrique, légale, la *mesure terrestre et des astres.*

Savez-vous pourquoi le *mètre actuel* est juste? c'est parce qu'il est de deux coudées simples et demie; savez-vous pourquoi il est faux? parce qu'il a *une demi-coudée de trop*, c'est-à-dire 200 millimètres de trop, pour être la *vraie mesure géométrique proportionnelle à l'homme et au globe* qu'il habite.

Comment se fait-il que ceux qui ont exécuté le travail sur le mètre, la mesure en elle-même, n'aient pas compris l'idée ancienne et mathématique de la coudée? C'est qu'ils étaient d'excellents mathématiciens sans être physiologistes; ils ont laissé de côté la *cosmogonie*, ils nous ont donné une mesure exacte du globe, ils ont parfaitement triangulé la circonférence du grand cercle passant par les pôles, mais cela ne suffit pas à la philosophie naturelle, qui envisage tous les rapports, qui les constate et les démontre! enfin, ils ont parfaitement mesuré, mais ils n'ont pas compris la *mesure naturelle en elle-même*.

Or, toute la perfection que l'on devra apporter au mètre de 3 pieds de roi 11 lignes $\frac{296}{1000}$ sera de le *diminuer de 20 centimètres*, c'est-à-dire d'en faire une *double coudée géométrique de 800 millimètres*, et de graduer cette mesure de 800 millimètres *en 1,000 millimètres*, Ici, les millimètres seront *d'un cinquième plus petits*, voilà tout. Voyez la table des mesures pour comprendre cette diminution utile (11e tableau.)

De là, la lieue aura, au lieu de 4,000 mètres, 5,000 doubles coudées géométriques, et le méridien terrestre, au lieu de 40,000,000 de mètres, aura 50,000,000 de doubles coudées. Tous les nombres que donne la double coudée, en lieues, sont décimaux, tandis que le mètre n'en fournit que 10 décimaux sur 32 nombres indiqués à la table IIIe du 9e tableau.

Notre travail sur la double coudée nous a fait apprécier des faits importants.

D'abord, c'est que la *sphère exactement sphérique* aurait 10,400 lieues pour la circonférence de n'importe quel grand cercle.

Que le cercle équatorial a une circonférence de 10,800 lieues, dont il faut déduire la quantité dont la terre s'est plissée en montagnes, en banquises, dans le sens d'un pôle à l'autre.

Que la circonférence du grand cercle passant par les pôles ou méridien a bien 10,000 lieues, et que les glaces des banquises des pôles comptent dans les circonférences parallèles, ce qui fait par addition, 10,800 + 10,000 = 20,800 lieues qui, divisées par deux circonférences en croix de deux grands cercles de la sphère exactement ronde, donnent 10,400 pour la circonférence de chaque grand cercle de cette sphère fictive actuellement, mais qui fut celle de la genèse. Cette appréciation est très-importante pour nos travaux futurs.

On voit que la *double coudée géométrique* indique exactement les longueurs, qui sont toutes proportionnelles dans la nature ; si nous nous trompons en quelques points, d'autres nous rectifieront facilement.

Ce que l'on doit bien comprendre, lorsqu'il s'agit de mesurer la sphère, c'est que *l'eau compte* dans la mesure, comme le carbonate calcaire ou tout autre corps composé.

Il est sûr, pour nous, que la ligne que suit le soleil sans la quitter, ou écliptique, *ne peut pas être la ligne de la genèse,* ce doit être l'équateur.

Le mètre actuel donnerait une coudée simple de 500 millimètres, coudée qui appartiendrait à un homme de

6 pieds 1 pouce 11 lignes 4 points au pied de roi, il est évident que le mètre *n'est pas la mesure géométrique,* c'est une *mesure de convention,* réduite en divisions décimales. Mais comme cette mesure appartient, par la force même des choses, à une taille humaine exactement proportionnelle et à une coudée exactement proportionnelle à *la coudée géométrique réelle,* le calcul exécuté par la commission de l'Académie, pour la détermination du méridien par la mesure de l'arc compris entre Dunkerque et Barcelone, et qui a conduit, en 1792, en prenant pour station des parallèles de Dunkerque et Barcelone : Dunkerque, Paris, Évaux, Carcassonne et Montjouy, à établir que le mètre, ou mesure de 3 pieds de roi 11 lignes $\frac{296}{1000}$, est réellement la dix-millionième partie du quart du méridien terrestre. Le calcul, disons-nous, paraît très-exact ; seulement, le mètre ne veut rien dire, c'était la coudée géométrique qu'il fallait découvrir, et c'est ce que nous avons fait. Voilà le progrès définitif ! Car ce n'est pas tout d'établir une mesure proportionnelle, il faut que cette mesure soit dans les *rapports cosmogoniques exacts.* Au reste, consultez notre table IIe des *tailles proportionnelles.*

D'après ce que nous avons vu par nos recherches de calcul, *notre pied de roi,* de 325 millimètres au mètre actuel, viendrait de la coudée *olympique d'Hérodote,* de 485 $\frac{6}{10}$ millimètres, *réduction très-approximative.* C'est la seule coudée qui a pu donner notre pied et fournir la coudée romaine ancienne ; car, en prenant les deux tiers de cette coudée, puisque le *pied de coudée* est toujours les *deux tiers de la coudée* quelle qu'elle soit, on obtient 323,3 $\frac{1}{3}$ au lieu de 325 millimètres, la différence étant de pas tout à fait 2 millimètres ; mais la coudée d'Hérodote *est fausse de 85 millimètres* $\frac{6}{10}$ comme coudée simple, car la coudée simple géométrique (1) est de 400 millimètres.

Voilà des renseignements très-importants qui·étaient inconnus. De tout cela nous concluons que les anciens Égyptiens connaissaient la coudée géométrique, mais que dans leurs calculs ils faisaient la différence à la coudée qu'ils rendaient publique, et qui était comme celle que fournit notre mètre, seulement proportionnelle.

Ce serait charmant pour les astronomes de voir la mesure des astres, le mètre, être la double coudée géométrique, car les mesures astronomiques doivent reposer sur la coudée géométrique de l'espèce humaine, et cela se conçoit que la mesure astronomique soit la *mesure cosmogonique*.

On veut un système de divisions décimales pour faciliter les calculs ; ces divisions décimales doivent être faites et appliquées à la double coudée humaine géométrique. Quant à nous, nous avons fait ce travail pour obtenir une *unité réelle de mesure de longueur*, pour mesurer les animaux et le globe de leur genèse : la découverte est absolue ; l'homme est le type dans la nature ; la double coudée est la mesure naturelle et réelle ; la coudée simple ou la coudée double humaine géométrique sera donc la base de nos mesures des proportions animales, etc. (11e tableau.)

Si nous avions à rechercher la taille géométrique de l'homme, nous prendrions la moyenne des coudées de l'homme, la moyenne des coudées de la femme, dans

---

(1) On dit quelquefois que la Bible ne renferme rien de sérieux ; quand elle exprime l'idée de la coudée, la grande idée de la mesure naturelle prise chez l'homme, par ce seul fait, la Bible est un monument. Mais elle en renferme bien d'autres, plus sages qu'on ne pense.

chaque espèce, et alors, en additionnant et divisant par 2, nous obtiendrions la coudée simple géométrique qui, multipliée par 4, nous donneront la taille géométrique.

Mais c'est probablement en calculant toutes les tailles possibles, que l'antiquité est arrivée à connaître la taille géométrique et les coudées simple (1) et double géométriques.

Maintenant que nous voulions nous rendre compte si la double coudée se rapporte aux forces organiques de l'homme, nous n'avons qu'à diviser 43,200, les forces, par 90, et nous obtenons 480 en décimales. En négligeant le zéro, on a 48, nombre des doigts de la double coudée géométrique, et 24 pour la coudée simple, ce que l'on obtient en divisant 21,600, les forces fournies par l'homme ou par la femme, par 90, on obtient 24 doigts ; dans la double coudée, l'homme fournit 24 doigts, la femme 24 doigts ; donc, la double coudée est concordante aux forces fournies par l'espèce et aux forces de la sphère, qui a le même nombre de genèse. Jusqu'à présent, on n'a pas su établir le rapport de l'homme-espèce et de la sphère qu'il habite. *L'étalon de toute mesure*, la double coudée, démontre désormais ces rapports, et devient *la mesure universelle et sidérale*.

La coudée simple humaine et individuelle est la moitié du diamètre de la sphère de l'espèce humaine. Donc, la coudée sidérale est la moitié du diamètre de la sphère, quelle que soit la longueur du rayon.

La coudée géométrique humaine simple est de 400 millimètres au mètre actuel ; chaque animal a aussi sa

---

(1) Dans le fait, qu'est-ce que la coudée simple géométrique ? C'est la coudée moyenne de toutes les coudées simples possibles des quinze espèces humaines.

coudée particulière, dont la longueur peut être rappro-
chée de celle de l'homme-individu.

Si plus tard la double coudée géométrique de l'homme
fait connaître sa *latitude de genèse* par la longueur de
la *circonférence de cette latitude*, les autres animaux donneront également, par leurs doubles coudées, leur latitude
de genèse; car tout est proportionnel. C'est ainsi que
l'homme et les animaux seront rattachés au globe *par
leurs points différents de genèse*.

On peut déjà apercevoir la distribution des animaux à
la surface de la sphère de genèse, et concevoir *l'arche
équationnelle de Noé*.

Voyez-vous les tailles et les coudées, indiquant par
leur proportionnalité avec les forces animales, *les progressions décroissantes des êtres de l'équateur de genèse
vers les pôles?*

Voyez-vous la main divine, *la loi des nombres*, distri-
buant les *harmonies animales?*

Ah! nous sommes bien loin de l'attraction, de l'affinité,
de la génération spontanée, qui n'ont rien compris de
toute cette grandeur d'équation des substances et des
forces!

Tout a été réparti, dit la Bible, avec substance, force
et mesure. Les Juifs ont eu raison; c'est la plus exacte
expression du fait.

Mais quelle fut donc la ligne de genèse des espèces organisées? Nous pensons que la substance attribuée à la
genèse des espèces s'est distribuée en substances particulières dans les œufs, suivant la ligne équatoriale, et que
les naissances ont eu lieu suivant les latitudes et les altitudes proportionnelles aux espèces. Nous ne saurions en
dire davantage pour le moment, ce point de science étant
encore tout à étudier.

Descendons actuellement à l'explication des détails des proportions de *l'homme géométrique,* expliquées dans notre table de la détermination de ces proportions (1).

Seulement, nous ne parlerons que des points de mesure des principales *parties-mesures.*

1° Le *doigt court,* ou travers de doigt, se mesure au compas, au milieu du doigt médius.

2° La *coudée simple* se mesure de l'extrémité du coude à l'extrémité du doigt médius.

3° La *taille* se mesure de la plante des pieds de l'homme à la surface pariétale.

4° Le *grand palme* ou demi-coudée simple, est la longueur du pied de l'homme, du talon à l'extrémité du gros orteil.

5° La *paume* se mesure du premier pli du doigt médius jusqu'au-dessus du bord du petit adducteur du pouce contracté dans l'éminence thénar. La largeur de la paume est la même : quatre doigts.

6° Le *doigt long,* ou la longueur du doigt médius, se mesure du premier pli de ce doigt à son extrémité.

7° Le *petit palme,* ou le *paume-doigt*, se mesure comme la paume et le doigt médius qui le constituent.

8° Le *paume-pouce* est le travers de la paume, plus la longueur du pouce allongé; il offre la longueur du petit palme, du côté palmaire.

9° Le *pouce* de la main se mesure en travers sur sa phalange unguinale près son articulation.

10° Le *pied de coudée* est une mesure vraie et utile, parce qu'elle mesure le pas géométrique. Il représente les deux tiers de la coudée. Nous pensons que les an-

(1) 10ᵉ tableau.

ciens l'ont exprimé de l'empreinte longue du pied de l'homme, laissée sur un sol de sable mouvant.

11° Le *pas simple géométrique* est de deux pieds et demi de coudée; il se mesure, quand l'homme a formé son pas, du talon du pied de l'homme au talon de son autre pied.

12° *Le double pas géométrique,* qui servait à établir les mesures itinéraires chez les anciens, est le double du pas simple; il est de *cinq pieds de coudée.*

Quelle est donc la longueur vraie de la coudée des anciens? Nous l'ignorons.

Tout cela nous fait croire que les anciens Égyptiens ont dû connaître la vraie coudée géométrique, et cependant les Juifs qui sont sortis de l'Égypte et qui avaient leur petite coudée commune de 447 millimètres, si la réduction en millimètres est bien faite par nous, offrent encore une coudée de 47 millimètres de trop et de plus que notre coudée simple géométrique de 0,400, *la réelle!*

Nous avons donné dans une table la détermination des proportions du *cheval géométrique.*

Le cheval géométrique a la ligne du dos dans la *ligne des seins* de l'homme géométrique; admirable prévoyance de la loi des nombres, l'homme pouvant ainsi s'enlever sans effort de la longueur de sa coudée et se placer sur son cheval géométrique.

Mais les anciens Égyptiens, dans *le sagittaire ou centaure indiqué, entendez-le bien, dans le zodiaque circulaire* de Dendérah, ont démontré en quelque sorte qu'ils connaissaient l'homme et le cheval géométriques, le sagittaire avec son arc et sa flèche semble mesurer les proportions.

Voici le fait : pour mesurer la taille physiologique d'un animal ou du cheval, il faut la mesurer comme celle de l'homme, de la surface plantaire postérieure jusqu'à la surface pariétale.

La taille du cheval comme celle de l'homme est quatre fois sa coudée particulière.

Pour obtenir la taille physiologique du cheval, on mesure du sol à la fesse une coudée et demie ; de là on mesure le corps, le cou, la tête jusqu'à la surface pariétale. 2,666,40 est la taille du cheval géométrique.

L'antiquité a placé sur les épaules du cheval géométrique le corps de l'homme géométrique jusqu'au pubis, dans le sagittaire. En calculant la longueur de la taille du sagittaire au centaure, elle se trouve la même que celle du cheval géométrique ; cela indique la proportionnalité des deux tailles de l'homme et du cheval géométriques. Voyez la table des proportions du cheval, c'est admirable !

Quel que soit l'homme ou le cheval examiné, si tout n'est pas proportionnel chez lui, c'est qu'il est décousu et mal fait.

Le travail que nous avons exécuté de l'homme et du cheval géométriques est le plus rude que nous ayons entrepris. Que d'êtres nous ont passé par les mains pour découvrir ces mesures !

Quand vous approcherez d'un cheval pour le mesurer, vous prendrez la longueur de la coudée du sol au coude, et s'il est bien proportionné, il aura une coudée du coude au pli du cou à la tête, et une coudée du coude à la rotule ; nous appelons cela *la tri-coudée*.

Bien qu'ayant ces proportions, il peut n'avoir pas les autres, mais c'est déjà très-bien.

La taille de chaque animal à l'état sauvage et physiologique est proportionnelle à sa coudée, mais cette taille n'est pas toujours quatre fois sa coudée ; alors le nombre de coudées est proportionnel à la décimalité de l'animal dans l'équation de genèse.

Les serpents sont des espèces à part; il est probable que *la longueur de leur queue* représente chez eux la coudée. Ils doivent être mesurés de la première vertèbre caudale à la surface pariétale, la tête étant placée à angle droit avec le cou.

Tous ces renseignements annoncent un avenir tout nouveau pour la science, qui se développe peu à peu dans ce qu'il y a de plus secret, et pourtant nous ne sommes qu'au commencement des révélations des nombres.

Lorsque chez l'homme on trouve des différences, soit dans les rapports de la coudée à la taille, soit dans les autres proportions, cela dépend d'un vice de proportions dans les formes partielles.

On dit que l'antiquité, pour les sculpteurs, considérait la statue comme devant offrir une hauteur de huit fois la tête, quel que soit l'homme représenté.

Cette manière de voir est très-exacte; aujourd'hui nos sculpteurs comptent par face et donnent dix longueurs de face à la taille. Tout cela ne peut servir à nos travaux.

Bourgelat a mesuré les proportions du cheval, qu'il dit géométrales, par la longueur de la tête, en suivant les habitudes de la sculpture; mais cela, quoique très-bien, n'était qu'une étape de la science, car *il nous fallait pour mesurer, un étalon de mesure,* et cet étalon ne peut être que la coudée du cheval géométrique proportionnelle à la coudée humaine géométrique.

La tête, d'ailleurs, ne peut pas être un élément de mesure, la divisât-on aussi bien que le fit Bourgelat, en trois primes, chaque prime en trois parties égales ou secondes, et chaque seconde en vingt-quatre points; on constate de

suite que la division de Bourgelat est arbitraire et ne repose
sur rien.

La grande chose est donc que les coudées animales, et
par suite les proportions matériales végétales et animales,
soient rattachées à la coudée géométrique humaine par
notre étude.

Celui qui se trouve placé par ses travaux à la tête du
mouvement des sciences, doit se servir avec désintéresse-
ment de tous les éléments d'action qui se trouvent sous
sa main ; s'il méprisait quelques-uns de ces éléments, ce
serait une faute impardonnable, qui le marquerait à l'esprit de la tache indélébile de l'infériorité, de même que
l'homme qui se prendrait comme centre de l'univers,
comme on le fit pour les chefs dans l'antiquité, serait
tellement fou ou imposteur, que cette manière de s'égaler
à Dieu lui perdrait son avenir dans un temps donné.

Si l'homme était le centre de l'univers, tout dépendrait
de lui, tandis qu'il n'est qu'un résultat proportionnel du
globe qui lui a donné naissance.

La résiliation des contrats, pactes, conventions, traités,
associations, alliances, comme lois humaines, doit être
facultative aux parties, pour faciliter l'assiette sociale
même, dans les facultés individuelles et le libre arbitre
qui fait loi dans l'esprit humain, sans cela il y a oppres-
sion et stagnation de l'homme par loi arbitraire intéressée,
que la loi soit civile ou religieuse. Mais pour les lois de
la nature, l'homme volontaire ou législateur (1), est très-
bien obligé d'accepter leurs résultats, bien que souvent

(1) La plus belle loi d'intérêt de rapports mutuels rendue par la
science dans notre belle Gaule, est celle de *l'unité* de mesure ; elle
avait encore un pas à faire pour perfectionner, d'une manière absolue, la mesure en elle-même ; nous venons de l'obtenir cette
perfection par la découverte de la double coudée géométrique.

ils blessent sa volonté, ses habitudes, ses mœurs sociales, trop souvent fausses et contraires à son bonheur, ou, embarrassées de la pression et des tracasseries de gens avides et arides.

Ce travail sur la coudée de l'homme et les proportions de l'homme et du cheval géométriques, nous fournit désormais tous les éléments de l'étude des animaux, des espèces humaines, des races humaines et des races animales naturelles, enfin de toutes les races domestiques ou déformées par la station dans des régions fixes.

Chaque race ayant ses proportions, il est évident qu'il fallait un étalon de mesure pour les étudier, c'est ce que nous avons su comprendre et découvrir. Maintenant il nous sera facile de faire un travail exact sur chaque race quelle qu'elle soit : ce sera un grand travail.

Nous sommes donc revenu au siècle de la coudée, de la coudée géométrique, non pas seulement dans *l'expression,* dans *le mot,* comme pour celle de l'antiquité qui n'était probablement que proportionnelle, ou comme celle que pourrait fournir notre mètre actuel qui donnerait une coudée de 500, d'une taille humaine de 6 pieds 1 pouce 11 lignes 4 points, mais bien de la coudée *réelle cosmogonique.*

Dès lors, sur ce sujet, nous nous renfermons dans le silence.

Nota. — Le onzième tableau des mesures est très-utile pour démontrer leurs rapports généraux ; mais les mesures ne peuvent conserver leur précision sur un papier soumis à l'humidité et à la presse lithographique.

Les forces organiques et les substances organisables des animaux.

Nous regardons autour de nous, et nous ne voyons rien de bien scientifique ; nous entendons beaucoup de voix, nous lisons beaucoup d'écrits, nous sommes témoin de tentatives nombreuses, quelquefois heureuses ; mais dans le chaos de toutes les idées, enfantées certainement par le devoir, nous constatons que l'on se cramponne, quant à la reproduction des animaux, à ce que l'on nomme empirisme.

On agit empiriquement, c'est-à-dire que l'on se rattache aux faits accomplis ; on appelle cela l'expérience ; au milieu de l'ignorance des lois physiologiques, c'était évidemment la seule conduite à tenir. Mais aussi que d'erreurs à déplorer, car lorsque l'on ignore les lois de la nature, surtout pour la reproduction des espèces, qu'elles soient à l'état domestique ou non, on se livre à la croyance qu'un fait que l'on désire découlera d'un autre fait analogue connu, en sorte que l'on est bientôt désabusé par des résultats négatifs, on continue à faire des essais, et l'on se trompe toujours ; est-ce vrai ?

Ensuite, combien y a-t-il d'hommes, qui connaissent les faits physiologiques ainsi que les résultats négatifs ou affirmatifs obtenus, sur la masse des zooculteurs, pas beaucoup.

Toutes les connaissances actuelles se résument pour la zooculture, en cinq faits, savoir : *le mariage dans la Race* auquel se rapporte le *and in and* (1) des Anglais. La *sélection,* le *croisement,* l'*hybridage,* le *métissage, l'atavisme* n'étant que la faculté de reprendre le type de la souche.

Voilà les lois vétérinaires touchant la reproduction! Ces lois, ou plutôt ces mots, indiquent les différentes manières de pratiquer les alliances. La physiologie doit conserver ces expressions, parce qu'elles ont été créées pour exprimer des faits vrais, c'est-à-dire les modes d'union.

Cependant nous allons dire comment elle pourra les utiliser :

1° Le *mariage dans la Race,* que l'on pratique dans nos provinces depuis l'antiquité gauloise, est d'une accep· tion trop large, car la même race varie beaucoup ; il sera donc remplacé, avec avantage, par l'omaimogamie ou mariage dans la tribu régionale, ou la tribu d'étable ou d'écurie, formée des parents de la même souche.

2° La *sélection* est le meilleur choix possible : pour nous la sélection sera *l'hygiène des alliances ;* que l'on marie par omaimogamie, par croisement ou par hybridage, on sélectionnera toujours ; on fera dans tous ces cas d'alliance le meilleur choix possible.

3° Le *croisement* est l'alliance pratiquée entre des *races* d'espèces animales différentes, ou entre *des espèces différentes,* ou bien, entre des *races différentes de la même espèce animale.*

Dans le premier cas, le croisement doit s'appeler *métissage,* d'où l'on obtient des *métis ;* comme entre le bœuf ordinaire et le buffle d'Italie.

____

(1) Le *and in and* des Anglais, qu'ils prononcent *inde en ind,* est un mot de patois vétérinaire, qui veut dire marier dans et dans, c'est-à-dire marier le cheval de course, par exemple, avec la jument de course.

Dans le second cas, le croisement doit se nommer *mé-lissage,* d'où l'on obtient des *mélis* de races différentes de la même espèce animale.

Jusqu'à présent, on a confondu dans la zooculture, le métissage et le mélissage ; c'est nous qui les avons diffé-renciés, et ce fait est très-important. On pratique souvent le mélissage dans nos provinces, et fort peu de métissage, bien qu'on le dise partout dans les écrits.

4° L'hybridage est l'alliance pratiquée, par supercherie, entre deux espèces qui appartiennent à des progressions spécifiques différentes, comme entre le baudet et la ju-ment, le serin et le chardonneret. Le produit est hybride et infécond dans sa descendance.

On a employé à tort, et spécialement, le mot sélection pour désigner le mariage des meilleurs éléments chez les chevaux très-mélés.

Ce mot doit exprimer, désormais, le fait hygiénique du choix des producteurs dans n'importe quelle alliance !

Ce choix portera sur la race, la santé, la taille, la struc-ture, les proportions partielles et générales, la couleur, l'aptitude, la force, la substance, la bonté, l'élégance, etc.

Ainsi, la sélection sera observée dans l'omaimogamie, le métissage, le mélissage et l'hybridage.

Nous devons donc conserver ces mots anciens, auxquels l'idée se rattache mieux, maintenant, qu'aux mots nou-veaux que l'on pourrait créer, et qui embarrasseraient cette importante question des alliances.

Il faut se souvenir que *toute race est locale,* car tous les animaux transplantés prennent un type nouveau dans le nouveau pays habité par eux.

Pourquoi ? parce que chaque pays, chaque sol ; chaque sol, chaque température ; chaque pays, chaque travail ; chaque aliment, chaque soin. Ainsi, les prairies de Roche-

fort-sur-Mer étaient couvertes par les eaux sous Henri IV ;
eh bien ! le bœuf du Gâtinais, un des types les plus beaux
et les plus fins de France, amené dans ces prairies, s'y
transforme en une nouvelle sous-race du pays ; les petits
bœufs bretons et les moutons de la Sologne en sont des
preuves irrécusables ; donc, tel sol, tel animal !

L'ossature et les chairs animales se proportionnent au
sol, à la latitude, à l'altitude, à l'air, à la nourriture, aux
soins, au travail exécuté.

C'est pour cela que le physiologiste qui envisage les faits
généraux avant les faits particuliers, qu'il connait aussi,
ne peut admettre dans la grande direction des races, que
celles de *Régions,* et si l'on sortait de cette *idée mère,*
l'on tomberait dans la *confusion des races,* ce qui ne serait pas dans l'intérêt de notre pays ; et ce ne serait pas
fort.

La réformation des races tient à ces faits exacts ! Il faut
.donc que chaque race ait *sa tribu sociale régionale* formée
de tous les parents d'une même origine, livrés à l'omaimogamie, et purs de tout croisement.

La *dégénérescence des races* tient enfin aux *croisements
intempestifs* que l'on a pratiqués sans connaissance de
cause.

Ce n'est pas tout d'être un zoologue, d'écrire tout ce
qui passe par une tête vide après une exposition d'animaux poussés de drêche ! Il faut écouter ceux qui savent
plus que soi, et non pas se faire soi ne connaissant rien,
quoiqu'ayant vu !

Ce n'est pas tout d'être zooculteur, c'est-à-dire d'élever
des bêtes ; on y perd souvent ses pistoles d'abord. Bien que
les animaux soient plus gras que ceux de nos paysans,
cette pratique commune d'ensuifement ne constitue pas la
science.

Ce n'est pas tout d'être d'une société, de courir au bois, d'être un franc maquignon, d'être un praticien prétendu dans l'âme; il faut savoir et non pas voir. Il s'agit d'être anatomiste, physiologiste avant de juger.

Connaissons donc ces *lois sages* auxquelles tous les êtres sont soumis sur ce *globe mathématique*.

Les forces et les substances des animaux de la même espèce *varient* comme les races domestiques.

En sorte qu'on doit bien se garder d'associer les forces et les substances très-différentes, car elles se rencontrent chez des sujets dont les proportions ne peuvent être *unifiées* dans un produit avec résultat.

Tâchons de retenir qu'il faut *quinze générations pour débarrasser la descendance d'un élément défavorable à la race !*

Ainsi, quelle ignorance des faits physiologiques! Depuis Bourgelat, on a placé dans le croisement des races chevalines l'amélioration de nos animaux de cavalerie, comme si une race prêtait main-forte à l'autre pour sa *pureté de sang*.

Daubenton! Daubenton ! tu resteras célèbre, toi qui avais l'intuition de l'omaimogamie ; aussi tu as donné à ta patrie des mérinos purs, dont les laines magnifiques furent enviées par tous les peuples ; et si tu as eu tous les succès, les éleveurs de chevaux de course, qui, croyant obtenir une *race noble de cavalerie* en exagérant la rapidité par la destruction des rapports des formes, n'ont rien fondé d'utile, et ont eu le plus grandiose des mécomptes que jamais peuple se soit créé (1).

---

(1) «N'est-ce pas, docteur, nous disait un fin connaisseur, que j'ai une belle bête ? en regardant son cheval attelé. — Oui, il a une robe bai clair très-jolie. — Voyez donc comme il est bien posé ! » Le mal-

Bœufs dréchés, polysarciques, chevaux levriers impossibles, porcs sans chair gonflés de graisse huileuse, voilà pour nous des résultats négatifs qui ne peuvent être niés puisque ce sont des faits d'exposition, et qui ne doivent pas être enviés par la science !

Savez-vous ce qui plaît, actuellement, dans les concours, pour les animaux de boucherie ? C'est la taille et l'excès de graisse. Un animal polysarcique met en émoi tout un jury. Ce n'est pas difficile d'engraisser ! Nous devons dire qu'aucune difformité ne doit être primée. Peut-on primer une boule de graisse, quand il s'agit d'un animal de boucherie, hein ? Non certainement ; les ouvriers, surtout dans les villes, mangent beaucoup de préparations de porc, par cela même que c'est une économie pour eux, n'ayant pas de cuisine à faire ; mais ils réclament le maigre du porc, et non pas le gras, qui ne peut pas les nourrir et qui les incommode.

C'est donc la chair musculaire qui doit être primée, et non pas la friture. Le porc est toujours assez gras ; mais lorsque l'animal est arrivé à un tel degré d'engraissement huileux qu'il ne peut plus se supporter sur ses pattes, envoyez-le aux chemins de fer pour graisser les boîtes d'essieux.

L'animal doit conserver ses proportions ! Les connaît-on ? Non, pas encore, car elles n'ont pas été décrites ; les jurys sont donc incompétents, puisqu'ils ne jugent que de l'œil !

On doit donc avant tout primer la *chair musculaire*, la vraie nourriture de l'homme, le *second pain de l'homme !*

heureux avait les pieds en danseur, il était archipanard. Pour ces fins connaisseurs, allez, c'est le résultat. Tant que cela va, c'est bien ; après, on dissimule !

La graisse doit être dans ses proportions avec la chair musculaire. Les connait-on, ces proportions? non, pas encore, puisqu'elles n'ont pas été décrites ; les jurys sont donc incompétents, puisqu'ils ne jugent que de l'œil !

Et la nature de la viande, la qualité, on ne sait pas non plus la *primer*; on veut du *poids* dans les concours, mais le poids n'est pas la *qualité aromatique* de la viande; l'alimentation de l'animal doit donc être examinée avec soin !

Doit-on *primer la taille?* Sans doute, dans certain cas. Mais toutes les races, petites ou grandes, sont respectables ! La taille ne fait pas la chair : la caille est meilleure que la buse.

Il faut empêcher que, dans les concours, certaines personnes jettent de la poudre aux yeux; pour un grand peuple comme le nôtre, cela ne peut durer, et ce n'est pas convenable.

C'est le bœuf du paysan qu'il faut admettre, et non le bœuf entraîné, le bœuf d'écurie, entendez-vous bien !

Pour le cheval, on ne connaît encore rien ; car les proportions de chaque race, les qualités et les défauts de chaque race, ne sont pas décrits ; on prime par le coup d'œil d'ensemble jeté sur l'animal; cela est bien peu savant.

Tous les résultats obtenus sont négatifs. Les vétérinaires l'avouent eux-mêmes; ils nous disent que ce que nous avançons est vrai : tous les chevaux sont mêlés; on a *décomposé les races* par le système qui domine depuis Bourgelat.

Si nous pensions contrarier quelqu'un par ce que nous disons, nous nous abstiendrions. Mais, dans cette question si importante que nous étudions, nous devons dire toute la vérité, car la vérité peut servir à tout le monde et à tous les peuples.

La graisse est un beau fard; mais de la graisse, pas trop n'en faut; à moins que l'on manque de corps gras sur le sol habité.

Depuis un certain nombre d'années, on peut distinguer *deux sections* dans les races domestiques : les races rurales et les races d'étable ou d'entraînement.

Les races rurales, rustiques, réelles, doivent avant tout fixer l'attention des jurys.

L'agriculture française et la défense du sol demandent des animaux concentrés dans leurs proportions, ayant des leviers se rapprochant des longueurs utiles et naturelles; ils doivent être forts, maniables, faciles à l'équitation, à la charge, à la volte, à l'arrêt, obéissants, courageux, mobiles. Voilà la vérité!

Nos bœufs attaquent bien leurs sillons, et de tout temps nos courageux cavaliers, sur leurs chevaux, ont bien voltigé et sabré dans les carrés ennemis.

Maintenant on a décomposé nos races par le croisement; c'est une plaie qu'il s'agit de guérir, et rappelons-nous qu'avec des chevaux assez courts et proportionnés on fait toutes les évolutions de main.

Ne mélangeons donc pas les substances différentes, les forces différentes, les formes différentes!

Le sucre de canne et le sucre de raisin ne font pas ensemble le sucre de canne.

Les races ont leurs facultés typiques; une race déformée dans ses leviers, pour un usage, ne peut pas être alliée avec avantage à une autre race déformée dans ses leviers pour un autre usage. Chaque race a ses forces organiques; arrêtons-nous sur la pente de la décomposition de nos races, qui, sans quelques gens réfractaires au croisement, eussent été complétement perdues.

Nous avons encore des *éléments régionaux*, conservons-les précieusement, et n'allons pas, par un entêtement qui serait vraiment incroyable, les détruire pour des illusions.

Nous avons eu les plus belles races chevalines d'Europe dans nos races limousine, normande et pyrénéenne; on peut les rétablir, mais non pas par le croisement, ni l'intromission d'un sang étranger qui n'est pas dans la proportion du leur.

Les races étrangères doivent être rayées sans pitié de nos fermes.

D'ailleurs, examinons la question physiologiquement.

La loi de fécondation, dans l'espèce, est fondée sur ce que les forces organiques et la substance du mâle, les forces organiques et la substance de la femelle, se mettent en équation dans l'ovule, d'où la fécondation, et plus tard le fils-produit.

La taille ou les variations des proportions des reproducteurs n'y font rien, ne peuvent aucunement l'empêcher; mais si la fécondation est possible, quelles que soient les proportions des races reproductrices dans l'espèce, ces proportions différentes ne se fusionnent pas dans le fils-produit. C'est un fait qui tient des nombres!

Ainsi, si l'on marie un cheval à proportions exagérées avec une jument parfaite de formes, le fils-produit participera dans une ou plusieurs parties de ses précédents : il sera décousu !

Il en est de même de la finesse et de la grossièreté des races du père et de la mère : le fils aura des parties fines et des parties grossières.

Que ce soit chez l'homme, le cheval, le chien, le bœuf, le mouton, le porc, etc., le fait sera le même.

Or, les forces organiques et la substance varient chez tous les animaux dans la différence tonique, entre frères de mêmes parents et de même origine. Mais entre races différentes, les grandes différences acquises dans les forces et les substances ont tellement mis les formes en dispro-portions, que les alliances entre races différentes sont nuisibles dans tous les cas et donnent des produits défec-tueux, décousus, inférieurs en tous points.

Les forces organiques, les substances, les formes ani-males, varient comme les régions habitées et le traitement de l'animal.

Croisez les formes, vous croisez les forces et les sub-stances et vous ne pouvez pas arriver à leur *unification* proportionnelle dans le fils, ce qui fait que l'on obtient des produits décousus, c'est-à-dire à régions organiques, disparates et sans proportions harmoniques.

Vous comprenez qu'il ne suffit pas de dire : voici de beaux chevaux, servez-vous en pour couvrir vos juments. Ce serait par trop facile, ainsi, d'obtenir un bon produit.

Prenons un exemple.

Dans un pays donné, il existe une race chevaline pau-vre ; il s'agit de l'améliorer ; eh bien, pour cela, il faut connaître sa *route d'invasion !*

On n'y a jamais pris garde, et alors, au lieu de bril-lants étalons d'une autre race, il faut lui donner des étalons de sa race d'origine ; bientôt elle s'amélio-rera ! Tandis qu'avec les beaux étalons d'une tout autre origine, elle se décompose dans ses proportions. Est-ce vrai ?

Croisez, Messieurs, croisez maintenant ! Tout, absolument, tout est à réformer dans les habitudes actuelles, qui ne sont appuyées sur aucunes connaissances scientifiques.

Ah ! vous croyez que la substance, les forces organiques et le sang sont toujours les mêmes chez tous les chevaux ; vous êtes bien loin de la vérité ! Et si vous pensez que cela est comme du même vin dans plusieurs futailles, vous êtes dans une illusion complète.

Nous entendons depuis quelque temps exagérer des *résultats réels obtenus en France* dans la naturalisation des chevaux de course anglais.

Ainsi on est, dit-on, parvenu à produire de ce côté du détroit la naturalisation des produits des chevaux de course.

La naturalisation d'une race du nord au midi de son eu d'origine, est plus facile dans sa descendance que celle d'une race du midi, dans un lieu situé plus au nord ; cela était connu de la science il y a longtemps.

Mais cette race parfaite pour la course et fort utile pour les plaisirs d'une grande capitale, ne regarde en rien nos races de cavalerie ou autres races et notre production chevaline, auxquelles elle ne saurait être utile, par cela même que cette race de course n'est pas une race d'équitation et de cavalerie ; que pour fortifier l'homme, prétexte futile, il n'est pas nécessaire de le faire voyager à toute vitesse sur un cheval exprès ; que pour cela nos races de main sont préférables aux chevaux casse-cou ; que la race de course à des leviers que l'on a exagérés pour augmenter la vitesse aux dépens de la force, leviers qui ne peuvent s'unifier dans les produits à ceux de nos races, qui sont, malgré toutes les prétentions, presque bien proportionnées dans leur ossature.

Or, chacun son métier, et les chevaux de course ne

sortiront des hippodromes que pour aller se refaire ou mourir de leurs excès à l'écurie, car cette course est un excès pour le cheval, dont l'homme abuse dans ce cas ; ce qui le prouve, c'est que souvent le cheval de course se dérobe lorsqu'on lui demande trop.

Nous sommes cependant partisan des courses, car ce jeu ou ce spectacle donne de l'entrain à la cité, et c'est quelque chose de très-utile que d'empêcher un peuple gai de devenir triste, et puis cela est comme un appareil de fête qui séduit même les piétons, étonnés de voir cette foule d'équipages se précipitant au champ de course par tous les temps et par toutes les issues, comme si c'était en terre promise.

Mais bornons cette carrière : l'acteur de l'hippodrome ne peut être guerrier, pas plus que le cheval de guerre ne peut faire l'acteur à l'hippodrome. Les constitutions organiques sont trop différentes, ce qui fait aussi que les mariages de ces races sont impossibles et seraient impardonnables, car ils deviendraient la cause finale de nos races de cavalerie et de travail.

Honni soit qui mal y pense !

Dégénérescence des races régionales.

C'est presque cruel, pour nous, d'être obligé de dire que nos races domestiques, en général, sont depuis longtemps en décadence, et cependant il est plus utile d'avouer cette disposition à la ruine, que de la cacher sous des apparences trompeuses.

Si l'on étudie froidement, c'est-à-dire d'une manière désintéressée et en homme profondément honnête, les idées actuelles, au point de vue des races animales domestiques, on est de suite convaincu que l'on ne possède aucun *moyen d'amélioration*.

Que même, il pourrait se trouver un peuple qui deviendrait la dupe des idées erronées, entretenues par des personnes éloignées de toutes connaissances scientifiques, ou encore intéressées à certains préjugés très-préjudiciables à nos races, qui conservent, malgré tout, une valeur cavalière et de travail.

Et l'on sait que cela va vite l'asservissement aux préjugés, parce qu'il se trouve partout et toujours la pure race de Panurge.

Mais ce ne serait pas connaître le caractère de notre pays, que de croire qu'il se laissera entraîner bien loin *des idées justes*, et qu'il permettra qu'on le conduise jusqu'à l'anéantissement complet de sa liberté d'action scientifique.

Nous sommes témoins de bien des écarts d'imagination, de bien des illusions et de bien des entraînements ; cela est permis dans les choses abstraites, car la liberté des dogmes existe.

Mais quand il s'agit de *races nationales*, ce n'est plus de soi dont il est question, il faut prendre garde, comme un juge, aux fausses idées et à celles d'un but particulier.

Voyez l'action du *croisement perpétuel* depuis soixante ans ; tout est altéré dans les formes partielles, ce que nous pouvons vous démontrer au mètre, sur tout les chevaux, voilà l'influence d'un préjugé ; que dirons-nous d'une ignorance des lois naturelles de la reproduction des êtres ?

Écoutez cela : il ne suffit pas d'avoir des animaux, quelque beaux qu'ils soient; de les marier, pour obtenir des résultats scientifiques, affirmatifs enfin, comme nous l'entendons sur la race; il faut tout autre chose.

On ne doit jamais mépriser injustement, et même on ne doit jamais mépriser, car tout est utile comme renseignement.

Aussi, nous voulons bien vous dire que, quant aux races, il y a des lois qui conduisent par des voies exactes et sûres aux résultats, et qui nous démontrent que les races ne peuvent être soumises aux *manières des artistes,* comme cela existe pour la peinture; car l'homme irait à toutes les exagérations et dérangerait la nature du cheval jusqu'à en faire un *hippogriffe!* La nature se déforme chez les animaux proportionnellement aux influents dans les diamètres et les longueurs, mais nous n'appellerons jamais des races ces animaux d'étable atteints d'*obésité* ou de *polysarcie adipeuse héréditaire;* tout cela ne serait pas fort.

La *direction des races* est toute à créer; cela demandera une grande science, un grand dévouement, une aptitude particulière, un travail longtemps soutenu! La réforme administrative qui en sortira sera digne d'un grand peuple!

Nous avons beau nous tourner, nous retourner, regarder en avant, regarder en arrière, nous ne voyons que des *amateurs dévoués* ou des *nourrisseurs intelligents,* qui ne cherchent qu'à s'assurer une bonne vente ou un bon gain.

Pour la question des *races françaises,* l'avenir n'est donc ni à l'hippodrome, ni chez les marchands. Où est-elle donc, cette lumière de l'avenir, si ce n'est dans la science pure et non pas dans des intéressés incompétents, si ce n'est pour les saillies?

Daubenton a fondé le mouton mérinos, sur un premier croisement; ici, le croisement était utile. Lorsqu'on veut faire une nouvelle sous-race, le *croisement est utile*, mais c'est pour avoir mieux en quelque chose, et l'on forme aussitôt après un troupeau dont on respecte les alliances omainiennes, tandis que par le croisement de nos juments avec les chevaux de course, par exemple, nous perdrions nos races de cavalerie et d'équitation pour un *coureur*, comme nous avons perdu dans un sens opposé la forme svelte de nos moutons ordinaires pour la forme trapue et lourde du mérinos.

Ah! vous commencez à comprendre, enfin; c'est heureux pour nous!

La race est la perpétuité et la filiation du type-souche, dans la descendance par l'action des reproducteurs proportionnels et l'action des influents proportionnels, et comme les influents sérieux agissent par région, surtout sur les grands animaux, nous dirons la race domestique est *le type régional*.

La preuve est à l'appui du fait, car tous les animaux *transplantés* d'une région dans une autre région s'y modifient avec le temps, suivant les *influents locaux*.

Aussi, chaque pays a ses races régionales chevalines, bovines, ovines, qui sont les fruits des influents locaux.

Nous laissons de côté les animaux captifs, entraînés à l'étable par des soins particuliers, car ils ne constituent pas des *races rurales*, mais bien plutôt des vices d'état de séquestration; des déformations, des vices de proportions, des monstruosités ou la polysarcie, l'obésité, l'excès de graisse défigure de corps; dans d'autres cas, des allongements de proportion qui diminuent la force des leviers. Dans cette voie contre nature on est même arrivé, par différents entraînements et différentes nourritures exagérées, à créer des déformations dans les races régionales anglaises, en sorte que l'on a pris plus tard ces déformations, qui sont devenues héréditaires et qui se perpétuent par reproduction, comme de nouvelles races, tandis que c'est toujours la même race devenue difforme dans sa descendance.

Comme si, nourrissant un homme et une femme comme Gargantua, et les dérangeant de leurs proportions de race, on finissait par obtenir d'eux-mêmes une suite de monstruosités semblables, pourrait-on dire aussi : voici une race humaine nouvelle, la race de tel et tel?

L'animal quel qu'il soit a ses proportions particulières de taille, de hauteur, de largeur, d'entre-tarses, d'entre-carpes, de membres, de corps, etc.; toutes ses dimensions partielles *sont proportionnelles à sa coudée.*

Tout ce qui n'est pas dans les proportions pour nous est un vice, que l'animal soit bœuf, cheval ou homme.

Si nous avons affaire à des animaux de boucherie, primons la *chair musculaire;* la graisse sera toujours proportionnelle chez eux, et la chair est préférable à la chandelle. Tous les tissus doivent être dans leur rapport chez l'animal primé.

Dans les concours, il y a deux sortes d'animaux à primer pour le bœuf.

L'animal de travail, bien proportionné, quelle que soit sa taille;

Et *l'animal de boucherie,* bien fourni de muscles et proportionnellement gras, quelle que soit sa taille;

Enfin, parmi ces derniers, ceux dont la chair aurait été développée à l'aide d'*aliments plus aromatiques,* qui donnent des *chairs exquises.*

Ainsi, nous n'admettons plus dans les concours que des animaux proportionnés, quelle que soit la taille, soit dans leurs formes pour le travail, soit dans leurs tissus pour la boucherie, et surtout chez le porc, qui a besoin, plus que les autres, de chairs musculaires qui sont en partie disparues de son corps.

Il s'agit de primer la chair, et non la graisse, qui accompagne toujours suffisamment les chairs bien fournies.

Nous ne reviendrons plus sur les déformations vicieuses d'entraînement et d'amateurs. Nos paysans sont les vrais praticiens, laissons-les faire, plutôt que de les guider vers l'absurde.

Laissons sagement à chaque pays ses races particulières et régionales, et n'ayons pas la folie de vouloir transformer nos excellentes races de travail en des animaux exotiques et impossibles d'entraînement, est-ce juste?

Nous avons vu à une foire de Saintonge, en 1832, au marché aux bœufs, un bœuf géant du Gâtinais. Si on avait eu la fantaisie d'entraîner cet animal gigantesque, qu'on eût trouvé une femelle semblable, qu'on eût développé, chez eux, certains tissus, qu'on eût obtenu, de ces deux animaux, une descendance, c'eût été toujours la race de Gâtine, dans une déformation inutile de taille, comme il y en a d'inutile de formes chez les Anglais pour leurs races régionales; et dont les proportions sont défavorables à la culture des terres et contraires à la *loi de la coudée animale*.

Nous avons suffisamment expliqué les faits, et ce que nous avons dit prouve jusqu'à l'évidence, que l'on doit éviter toute *dégénérescence des races régionales;* qu'elles soient grandes ou petites, toutes sont utiles; lorsqu'elles sont petites, on élève un plus grand nombre d'animaux, voilà tout.

Il y aurait beaucoup à dire sur les *causes de la dégé-nérescence* de nos races régionales ; mais cette question serait trop douloureuse, nous n'en parlerons que peu.

Nous dirons que cette dégénérescence de nos races régionales vient surtout, savoir :

1° De l'idée fausse d'appliquer le croisement brutalement, coup sur coup et continuellement. Est-ce vrai ?

2° De l'idée fausse de la sélection, qui ne l'a jamais été. Est-ce vrai ?

3° De l'action constante d'étalons livrés à la faible appréciation des palfreniers et des éleveurs ; de l'action reproductrice constante d'étalons superbes, il est vrai, de races arabe, anglaise, allemande et autres, envoyés dans des régions où leur sang n'avait aucun précédent de filiation et de rapport de race. Est-ce vrai ?

Vous voyez bien que ces paroles suffisent pour donner le coup de grâce au système actuel de la reproduction chevaline (1).

Ce qui est curieux d'insouciance, on a fait des chevaux, sans tenir compte de la *race des participants*. Ainsi, que diriez-vous, d'un architecte, qui mêlerait dans l'édification d'un temple, des ordres disparates ? vous ne le récompenseriez pas ! Mais s'il ne mettait pas les proportions dans chaque partie du temple, que diriez-vous ? ah ! que c'est un homme incapable ! Eh bien, le système actuel a fait cela pour les chevaux ; mais le système actuel est excusable, très-excusable, parce que la science vétérinaire avait dit : croisez, croisez toujours ; la science vétérinaire elle-

(1) On a supprimé le dépôt de Saint-Maixent et quelques autres dépôts, pour voir venir et savoir ce que l'on dirait. Or, ces dépôts sont utiles à ces pays, qui réclameront, par leurs comices, leur rétablissement ; l'amélioration n'est donc pas là. Il faut une étude qui ne regarde ni l'administration, ni les comices, ni les haras.

même est aussi excusable, par cela même qu'elle ne date pas de loin, et que l'homme enfin, cherche encore, que son esprit est relatif et que ce sont les âges qui le perfectionneront.

Tout est donc à changer *dans les habitudes de la reproduction* des animaux domestiques, et cependant il faut que cette transformation se fasse sans léser aucun des intérêts des administrateurs, des éleveurs, des employés, et, en définitive, de l'État.

Descendons dans les détails des forces animales, et nous verrons l'action de chaque reproducteur.

Un reproducteur mâle ou femelle fournissant toujours par moitié, dans la descendance, le calcul donne 0 forces de ces reproducteurs à la 16e génération.

Ainsi, chaque reproducteur mâle ou femelle doit être considéré comme ayant en lui-même des fractions de forces de 15 ancêtres masculins et de 15 ancêtres féminins. Voyez, table IIe du 1er tableau, ce qui reste pour chaque tissu dans le produit de la 15e génération, c'est-à-dire le 16e produit, et dans la table IIe du 2e tableau, on verra ce que possède en lui-même chaque 15e reproducteur des éléments de ses 15 ancêtres masculins et de ses 15 ancêtres féminins. Cette table IIe expose les éléments des ancêtres de l'homme, du cheval, du bœuf et du mouton.

Tout reproducteur fournit par moitié de son nombre au fils; il en résulte qu'en divisant par moitié tous ces nombres fractionnaires. on obtient 21,600 pour la force fournie par l'homme reproducteur; 18,400 pour le cheval reproducteur; 19,200 pour le bœuf reproducteur; 16,800 pour le mouton reproducteur.

En consultant la table Ire du même tableau, on voit toute la distribution des forces organiques des 15 ancêtres paternels et des 15 ancêtres maternels, jusqu'au 15e degré de génération, l'homme étant pris pour exemple.

Pierre 16 ne possède plus aucun élément de la souche Étienne-Berthe !

En sorte qu'étant actuellement en pleine époque de reproduction, chaque reproducteur ou reproductrice ayant en lui des éléments de 15 ancêtres mâles et 15 ancêtres femelles, *tous les reproducteurs doivent être considérés comme du 15e degré, et le sont effectivement.*

De là découle un fait important, c'est que si l'on ne pratique pas les alliances directes dans la tribu régionale, on perd la race de plus en plus, et il arrive qu'à la 6e génération on n'a plus qu'un 32e de la *souche initiale.*

Ce qui nous est si bien démontré par la table Ire du 2e tableau ; Pierre 6 n'a plus qu'un 32e des éléments de sa souche, Étienne-Berthe, et Pierre 16 n'a plus rien de cette souche ; c'est Éléonore, Suzanne, Thérèse et les autres reproductrices qui fournissent des éléments de forces à Pierre 16, conjointement avec Pierre 15, qui n'a plus qu'un 21,600e de la souche initiale.

Ainsi, lorsqu'on ne marie pas dans la tribu régionale de race, la race se transforme toujours dans les rapports *des races participantes,* et l'on sait que les formes varient comme les races.

Croisez donc maintenant que vous avez cette science profonde.

Voici un fait très-précieux à connaître, c'est que sans omaimogamie ou mariage direct dans la tribu régionale ou entre parents plus ou moins éloignés, la race résiste en diminuant jusqu'au 15e degré dans le sang des produits.

Mais si l'on pratique les accouplements dans la parenté de la tribu régionale, les éléments qui donnent les proportions typiques de la race et ses propriétés se conservent continuellement et sont d'autant plus parfaits que les reproducteurs et les reproductrices *sont égaux en toutes choses* et plus sélectionnés, c'est-à-dire choisis.

Ces faits se démontrent facilement par le *métisme humain*.

Si l'on marie un blanc avec une négresse, la filiation du type blanc est impossible si des reproducteurs nègres agissent sur les produits. Il en est de même des races animales : si l'on marie deux races différentes d'une même espèce, la filiation de chaque race est impossible dans le fils produit si des reproducteurs de races nouvelles agissent sur le produit.

Dans les mariages des individus de races différentes, l'équation des forces organiques dans le nombre est exacte, mais ces forces appartiennent à des tonalités différentes comme les substances, d'où la différence des formes qui tiennent aussi à certaines exagérations des forces d'acquisition ou forces végétatives.

De tout cela : plus une génération animale est éloignée de sa souche initiale, pauvre ou noble, peu importe, moins elle est pauvre ou noble par les éléments de sa souche initiale, qui, diminuant de moitié à chaque génération, arrivent à 0 élément de la souche initiale, chez la 16ᵉ génération.

La pureté de la race ressort de *la pureté des acquêts des forces* et *de substance* par l'action des reproducteurs et des reproductrices de la tribu régionale ; voyez les tables Iʳᵉ et IIᵉ du 3ᵉ tableau, et vous comprendrez l'action des éléments omaimiens constants dans la race bretonne humaine et la première espèce noire humaine.

Ces tables, qui ont l'avantage, par leur disposition parfaite, de s'expliquer d'elles-mêmes, démontrent la sagesse de l'omaimogamie dans la tribu régionale.

L'omaimogamie exprime sa puissance par l'incapacité des mauvais éléments reproducteurs ; l'omaimogamie sélectionne.

Le mariage omaimien, ou dans la tribu, a cela d'important, c'est que par lui on fonde *la pureté du sang*; le pur sang ne peut être obtenu que par les mariages omaimiens dans la tribu rurale régionale ou dans la tribu de famille d'étable ou d'écurie.

Le pur sang doit être obtenu dans chaque race ; et il le sera, malgré ceux qui voudraient s'y opposer, en détournant la vérité de sa voie. Le mariage omaimien nous le donnera pour l'homme, pour le cheval, dans chaque race ; pour le bœuf, le mouton, le chien, etc., dans chaque race ; on doit proscrire en partie le croisement des races et celui des espèces ; le croisement ne doit servir qu'aux savants pour les études et dans certains cas particuliers, comme celui du mérinos, et alors on le pose par un prix !

Le cheval qui reproduit à 3 ans, donne au bout de 45 ans le pur sang dans chacune de ses races particulières, car 3 ans × 15 générations = 45 ans.

Mais on peut avoir beaucoup déjà à la 6e génération, qui n'a plus qu'un 32e d'impur, quand on pratique les mariages omaimiens avec constance. Ainsi, en 18 ans ou six générations on peut posséder des éléments de sang assez pur, dans les différentes races, d'autant plus qu'il y a des éléments assez bien conservés dans quelques races utiles.

Le caractère, les formes, les facultés, la tonalité des forces organisantes ou organiques, qui contiennent les forces végétatives, la tonalité de la substance organisable, sont proportionnels aux régions d'origine chez les races animales.

Ne marions donc pas un homme du Nord avec une femme du Midi, nous aurions des fils-produits qui, mariés à de semblables enfants, seraient stériles ou produiraient des vices d'état et de tissus, qu'ils soient parents ou non. Les forces organisantes et les substances étant de tonalités trop différentes dans ce cas, il en résulte toutes ces plaies et ces difformités humaines qui promènent leurs infirmités par nos rues, ce qui se voit aussi chez les animaux.

La filiation des forces organiques et de la substance organisable spécifiques, *dans le nombre*, appartient à l'espèce dans sa descendance, dans le lieu et le milieu convenables.

La filiation des forces organiques et de la substance organisable spécifi-toniques, dans le nombre, appartient à chaque race de l'espèce dans la descendance omaimienne et dans le lieu et le milieu convenables.

Aussi Moïse a dit avec raison dans son livre des *Nombres :*

« Les filles se marieront à qui elles voudront, pourvu que ce soit dans leur tribu, afin de conserver les héritages (héritages civils, héritages constitutionnels!). »

Les Juifs pratiquaient donc l'omaimogamie, le mariage entre parents, aussi le type juif ancien était-il d'une pureté si parfaite qu'il s'est conservé jusqu'à nous, malgré les malheurs que cette race eut à supporter dans son indigne dispersion et ses émigrations.

Il faut donc respecter et conserver les races régionales, ainsi que les espèces de la nature, qui toutes doivent être protégées par l'homme comme gouverneur de cette terre.

Si l'on veut se représenter exactement la dégénérescence des races humaines et des races chevalines, c'est de l'envisager comme exemple dans le mélange des races domestiques du chien par rapport à une race pure.

Le mélange des races canines s'opère journellement sous nos yeux, et l'on a donné le nom de *chiens de rue* ou *chiens de 56 pères* à certains chiens qui, provenant de diverses races, offrent des robes où les différents pelages de tous leurs ancêtres se trouvent exposés; les formes suivent cette dégénérescence. (Voyez table 1re du 6e tableau.) Ici la transformation de la souche pure du chien et de la chienne de berger, pris pour exemple, en individus *mélis-composites*, a lieu par l'intervention successive de reproducteurs de races différentes, et il arrive dans beaucoup de cas que parmi ces reproducteurs il s'en trouve de mélis-composites, en sorte que les 15 générations sont dans un mélange confus des éléments des reproducteurs; l'homme et le cheval nous offrent souvent cette dégénérescence. N'insistons pas, cela nous paraît dur et pénible.

Le mélis simple provient de deux races différentes de la même espèce; le mélis ou la mélisse sont d'autant plus composites qu'il y a eu plus de participants de races diverses parmi leurs ancêtres; [ils sont très-loin d'être pur sang dans ce cas !

Puisque déjà le *mélis simple* a deux sangs dans le sang, le 15e *mélis-composite* aura 15 sortes de sangs dans le sang. Voilà le sang de la plupart de nos chevaux dans certaines régions; laissons cela, c'est pénible encore.

On voit de suite que souvent il doit se produire un grand fait des nombres, car si dans le cours des 15 générations, il y a eu plusieurs participants reproducteurs de même race, parmi tous les reproducteurs de races différentes, lorsque la chienne mélisse-composite recevra la fécondation d'un reproducteur métis-composite semblable à elle, ou plutôt dans le même cas de mélissage, elle produira des chiens qui ne ressembleront en rien ni au père ni à la mère, mais qui seront de la race dont les éléments dominent les autres dans son sang et dans celui de son mâle. Ce fait de rétrocession arrive chez l'homme, chez le cheval et chez les autres animaux domestiques livrés au mélissage. Il ne faudrait pas confondre ce fait avec l'atavisme qui, provenant également des nombres dans les éléments participants, conduit à la reconstitution de la souche par l'alliance des types toniques placés dans la même ligne de filiation chez les animaux de la même race pure qui se reproduisent.

C'est quelque chose d'avoir établi la différence de la *rétrocession* et de l'*atavisme*.

La rétrocession est rendre des forces qui avaient été cédées ; l'atavisme est réunir des forces qui constituent celles de la souche même.

Ces faits sont mathématiques, et nous pouvons en établir la table numérique.

La table 1re du 6e tableau démontre ce qui produit la dégénérescence des races, chez l'homme, le cheval et les autres animaux. C'est le mélissage, ce sont les alliances de plusieurs races entre elles, qui produisent la dégénérescence de la race, quelle qu'elle soit.

De là les vices des formes, les taches différentes, les vices de couleur, les vices des poils et leurs différentes sortes chez le même animal, les *nœvi materni*, les vices de chair, de tissus, d'organe, de constitution, le décousu des longueurs, des diamètres et des proportions du corps. Ainsi, on a la décomposition des races en des types si laids ou si ridicules qu'ils excitent le rire, ou si monstrueux qu'ils font horreur, et cela dans les os, les tissus, les formes et l'esprit. Ainsi, dans les affaires des espèces de la nature, tant paie tant, et tel on fait, tel on trouve.

Mais au lieu de pratiquer ou de laisser faire le mélissage des races, si nous prenions une suite de juments mélisses limousines, et que nous les soumettions, ainsi que leurs produits, pendant 15 générations, au sang pur limousin, nous aurions réformé la belle race limousine en partie perdue. La table IIe du 6e tableau nous donne l'ensemble de l'opération. Il en sera de même des autres races. Choisissons donc cette route plutôt que celle de l'erreur.

Mais on dira : Nous comprenons bien ce que vous dites ; mais c'est le tout de le faire. Pour cela, il est nécessaire d'avoir des connaissances autres que celles du commun des hommes, et une grande chose de science ne se fait pas par règlements ; les règlements viennent après.

Sachons donc que l'équation des nombres suit toujours la filiation dans les alliances ; mais la *tonalité des forces et des substances est proportionnelle aux races*.

Les *races vraies* sont proportionnelles à *l'espèce géométrique*. Comprenez-vous ? Non ! alors, que voulez-vous ? cherchez, étudiez ; on ne peut pas demeurer plus longtemps dans la *période instinctive* de la reproduction des animaux, période du chasseur, du nourrisseur. Il s'agit d'augmenter par la science la grandeur de notre pays ; il est temps, enfin, que les vœux illusoires, les conversations inutiles, les articles artificieux et les moyens défectueux soient réduits à leur juste valeur ; c'est la sagesse qui doit l'inspirer à ceux qui se montrent ou se sont montrés des hommes.

Nous sommes rendus au moment où l'esprit préparé doit concevoir l'utilité du *respect,* de la *conservation* et de la *réformation des races françaises régionales.* (Voyez la table Ire et la table IIe du 5e tableau.)

Ici, faites agir les reproducteurs et les reproductrices pur sang, et ils vous donneront les éléments de la tribu régionale, pure normande pour les chevaux normands, et pure limousine pour les chevaux limousins, par le fait de la plus parfaite omaimogamie, car ils sont tous parents pur sang.

Aussi nous avons raison de dire que ceux qui croiseront sans nécessité nos races régionales seront les plus cruels ennemis de leur pays, sans s'en douter.

Voyez encore la table Ire et la table IIe du 7e tableau, et vous observerez le même grand fait, pour notre race de bœufs du Gâtinais, dite de Gâtine. Ici vous comprendrez que les forces organiques et la substance organisable (1) toniques, doivent suivre la filiation des nombres-forces des reproducteurs mâles et femelles par l'action constante du pur sang. Examinez bien cette double table, monument d'une patiente étude, qui offre le concours simultané dans les nombres, de 62 animaux pur sang, qui fournissent ensemble un des éléments de la tribu régionale de race pure, résultant des mariages omaimiens.

L'omaimogamie est la loi dans la reproduction !

Comme *la régionalisation est la loi dans la statique des races !*

Maintenant, transportez-vous dans n'importe quel pays

---

(1) La substance attribuée à la genèse est une unité collective, et les substances active et passive des corps simples formateurs des êtres ne sont que ses fractions, de même que la lumière est unité collective et ses rayons actifs et passifs ses fractions. Les nombres sont fractionnaires.

de la terre, et vous verrez que ces lois sont les mêmes partout, et que les animaux domestiques prennent des types de régions qui deviennent inaltérables.

Respectons désormais nos animaux régionaux et opérons la réédification de leurs races que l'on a rendues mélisses par des croisements intempestifs ; laissons de côté les entraînements à ceux qui aiment la graisse et la vitesse ; reprenons la question au point de vue de la propagation des formes et des tissus ; de l'équitation, de la volte, de la charge et des passes, au moyen de la science exacte et pure et dans un intérêt public et d'avenir prochain.

La France, dans ses régions multipliées, est un pays unique par ses productions agricoles variées et nombreuses ; c'est un petit carré de terre délicieux : montagnes et vallées où se sont toujours développées de nobles énergies dans toutes les directions de l'esprit humain.

Faisons que cette charmante oasis fécondée dans les siècles par les sueurs de nos pères, qui nourrit et façonna des races animales esclaves les plus différentes et les plus curieuses, se voit embellie encore et parcourue par des animaux aux proportions régulières et harmonieuses, si utiles à leur but, à leurs travaux intelligents, à nos plaisirs et à la protection du sol.

Réformation ou rétablissement des races régionales.

Si l'on en croit l'ancienne renommée de nos races chevalines, bovines, ovines, porcines, canines de chasse et de garde, etc., etc., ou si l'on consulte la tradition locale, soit en Normandie, soit en Limousin, soit en Poitou ou dans les autres grandes régions productives de la France, on acquiert la certitude que notre pays fut le premier en Europe qui posséda des types nombreux et purs de races régionales, et probablement que cette splendeur de nos races animales, sur notre sol, remonte au temps même de la Gaule, comme origine. Avec de tels animaux, trente-six millions de population se sont développés et ont pu se protéger dans de grands combats, contre des multitudes armées. Il paraîtrait que nos races pures se perdirent du moment que les relations furent plus faciles et que la ruse intéressée pénétra sous forme de conseils dans nos idées. Le mot d'ordre était : *Il faut croiser les races pour les améliorer;* mot perfide, qui a produit en partie leur décomposition; ne faut-il pas toujours, par tous les moyens, vaincre ses adversaires?

Le croisement des races est quelquefois utile, cela est vrai : mais Daubenton lui-même, après avoir croisé nos moutons du pays avec des mérinos, est de suite arrivé au mariage dans le troupeau; il a concentré les forces mérinos, il a exécuté le retour, des fils-produits du mouton du pays et du mérinos, au mouton mérinos.

Voilà son œuvre! Voyez la table Ire du 8e tableau, c'est le grand ouvrage de Daubenton expliqué. Ce n'est pas ce que l'on fait pour nos chevaux, que l'on croise coup sur coup et continuellement.

Ainsi, la France fut initiatrice; elle l'est encore par nous, et elle saura, il faut l'espérer, conserver sa liberté scientifique, sa gloire et son rang!

Pour ce qui est de Daubenton, la table Ire du 8e tableau montre une souche du Berri, transformée dans ses 15 générations femelles par des béliers mérinos purs; c'est le retour des produits à l'élément majeur fourni par l'action constante de reproducteur de la race désirée.

Nous n'avons besoin en France d'aucun conseil étranger. Notre pays a produit les plus beaux travaux physiologiques, et il a fondé les éléments de la science vétérinaire depuis les Vicq-d'Azyr; il n'a pas d'intérêt à suivre les entraînements illusoires et les idées pauvres de certaines petites églises, qui ne sont abolument rien et qui deviendraient oppressives comme une caste. Fort heureusement que nous avons des hommes sages qui sauront peser toutes les idées, qui rétabliront la vérité dans la science et par la science, et enfin les droits dans leurs limites exactes et vraies.

Tout le monde ne peut exécuter le travail du savant Daubenton, qui est la transformation d'une race purement bouchère en une autre race industrielle par ses laines plus fines, et personne ne l'a fait que lui, personne n'a exécuté un semblable travail depuis lui.

La table IIe du 8e tableau démontre la conservation de cette race industrielle par l'*omaimogamie,* c'est-à-dire par les *mariages directs* entre les parents purs mérinos, constamment choisis comme mâles, c'est-à-dire sélectionnés.

La Ire table du 8e tableau exprime la transformation des forces organiques et de la substance du mouton du Berri, par le croisement, en suivant l'équation des nombres, en forces et substances mérinos.

La IIe table met au jour la *puissance de la race et du sang,* dans l'équation des nombres, par les mariages omaimiens.

Dans la reproduction, deux races que l'on marie *sont deux pouvoirs qui combattent* pour arriver chacun à la *pureté de sang ;* c'est le plus grand nombre de reproducteurs de même sang qui obtient la victoire et qui donnent leur nom collectif à la race nouvelle.

De même que dans la reproduction, les individus de même race pure qui s'allient par omaimogamie, joignent leurs efforts ou plutôt leurs forces organiques et leurs substances pour conserver le pur sang dans leur tribu, et cela sans contestation possible, à moins que certains animaux soient viciés par la maladie ou les désordres de l'entraînement.

Dans ce cas, la sélection ou le meilleur choix possible doit écarter ces êtres défectueux de formes et de tissus

Le croisement comme mélissage est donc quelquefois utile pour obtenir un type utile, mais une fois le type obtenu, il faut écarter le croisement et agir par omaimogamie.

L'homme qui s'occupe d'élevage trouve parfois un plaisir à faire des essais de croisement; il est même toujours disposé à croiser, et il le fait en y attachant une importance vraiment étrange et en dehors de tout propos; il se gonfle devant les incompétents en se vantant de résultats qui, n'étant pas suivis, lui donnent presque une renommée, usurpée, car les petits animaux dépensant moins que les grands, on peut en avoir davantage.

La taille est peu de chose dans les moutons, la qualité de la viande est tout.

Si le sol ne comporte qu'un petit animal, ne cherchons pas à changer cette race robuste, naturelle au pays, pour une autre que la maladie pourra bientôt détruire, et qui prendra par la suite et forcément la taille proportionnelle à la région.

Respectons les *petites races,* elles ont une valeur sûre, acquise et de droit.

Les petits bœufs de la Bretagne et les petits moutons

de la Sologne sont des races curieuses, utiles et respectables!

Primons donc dans les concours ces races robustes et d'autant plus intéressantes qu'elles vivent dans des régions plus arides.

Conservons ce que notre sol et les lois physiques nous ont donné!

D'ailleurs, on ne peut pas *détruire la race régionale*, à moins de l'anéantir par le couteau du sacrificateur, et, dans ce cas, elle se reformerait encore suivant les nombres des influents régionaux chez les nouveaux animaux importés.

Combien l'homme a-t-il fait de tentatives folles dans les croisements et les entraînements d'étable et d'écurie (1)!

Respectons désormais les animaux de libre pâture, les animaux ruraux, qui se trouvent chez tous dans la région, et qui constituent la tribu régionale sociale.

Il a certainement fallu que dans une succession d'années, assez nombreuses, un être, se renouvelant sans cesse, parce qu'il représentait la même idée fixe, ayant un point de départ, ait agi constamment sur l'esprit de notre pays, pour avoir réussi à faire décomposer nos races régionales en répandant partout la fausse doctrine du *croisement continu* et du *pur sang étranger,* comme principes d'amélioration de nos races de cavalerie, qui ont trouvé

___

(1) Par opposition au cheval anglais de course, on a été, il y a environ trente-deux ans, jusqu'à fournir au dépôt de Rochefort, e probablement à d'autres dépôts, des exemplaires d'un cheval mixte tout français d'éléments, dit cheval français. Ainsi, voyez comme on s'est encore trompé à cette époque : vouloir un cheval français de race d'écurie; Et les régions!

dans cette pratique, éloignée de toute idée scientifique, leur presque entière destruction.

Car le croisement continu et le sang étranger défont toute race. Le doigt est enfin placé sur l'ulcère.

Mais cela ne nous regarde pas ; occupons-nous seulement de la question de science, et laissons à d'autres cet intéressant sujet de méditation.

Le premier devoir qu'a à remplir l'éleveur qui a croisé deux races est d'exécuter le retour des produits à la race qu'il a eu pour but d'obtenir en troupeau ; sans cela tous les croisements sont ridicules et méprisables par la science. Car à quoi sert de croiser deux races pour obtenir un ou deux produits mêlés, que l'on vend bientôt aux bouchers, et qui ont coûté bien plus qu'ils produisent, à moins que ce soit pour faire nombre à l'exposition, où l'on ne doit pas permettre et primer de pareilles inutilités ?

Les jurys ne doivent admettre que le terme ou type moyen du troupeau, et comment juger le troupeau par son plus bel animal ? Est-ce que l'on croit que les hommes savants, et même les éleveurs, se laissent prendre à cette glu de la taille et de l'entraînement ? Nous avons d'ailleurs besoin de voir et de savoir la vérité.

On a un peu trop laissé faire les amateurs et les jugeurs, et pas assez agir la science. Généralement la science est discrète ; elle se tient à l'écart, tandis que l'ignorance riche est audacieuse et la complaisance subalterne commode.

Il faut faire connaître ici comment on s'exprime comme amateur, éleveur et zooculteur, quant aux accouplements de chevaux.

On dit avec conviction, car on a la conviction souvent, la croyance est la loi de l'ignorance : « Voici une jument bien établie ; il y a, au dépôt, un étalon superbe ; le connaissez-vous? — Oui. — Hein, n'est-ce pas que cela ferait quelque chose de beau ensemble? le fruit serait magnifique. » On fait le croisement, et l'on obtient un produit décousu, une double rosse.

On dit encore, et c'est presque tous : « Ma jument a fait un bon service; cette pauvre bête commence à devenir vieille; elle n'est certainement pas mal; si je la faisais saillir par le beau cheval gris anglais demi-sang du dépôt, cela me ferait assurément un excellent produit. » On exécute le projet; le fruit arrive : c'est un petit crétin de cheval dont les jambes se touchent, mince comme une feuille de papier, enfin un animal qui, à trois ans, n'offre aucune proportion, parce qu'il se trouve être l'exemplaire collectif de la plupart de ses aïeux, de races et de proportions différentes; c'est un *mélis-composite*.

« Comment donc faire, mon brave? » dit le propriétaire de la jument, étonné du fait, au palefrenier des haras.

« Vous ferez bien, dit l'autre, d'acheter une jeune bête toute venue, car votre jument ne *retient pas la race.* »

Eh bien, à l'époque où nous sommes rendu, c'est le même fait pour toutes ou presque toutes les juments : *elles ne retiennent pas la race du reproducteur étalon;* elles ne la retiennent jamais qu'en parties décousues, c'est un résultat mathématique de l'association des éléments constituants des ancêtres de la femelle et du mâle.

Voici pourquoi l'on doit recourir à la loi naturelle, qui est l'omaimogamie pour chaque race régionale, que nous enseignent si bien les petits oiseaux sauvages, qui mêlent leurs joyeuses troupes l'hiver, pour s'apparier au printemps *par égalité de nature.* Aussi l'omaimogamie, ou mariage entre parents dans la même espèce et dans la même tribu de race régionale, *cette loi sage de la reproduction*, a-t-elle sa règle, qui est l'*isogamie*, ou mariage entre les égaux. L'omaimogamie isogamique est la plus parfaite des alliances.

Les mariages, aussitôt après la genèse et depuis, dans la reproduction des espèces sauvages, furent isogamiques et le sont encore.

L'isogamie repose sur les âges égaux ou proportionnels, les degrés égaux de parenté, l'état physique égal, etc.; tout cela donne l'espèce ou la race pure.

Si l'on étudie la Ire table du 4e tableau, on verra l'isogamie s'accomplir entre les produits du même degré de génération : ainsi, la fille César est sœur du fils César, le fils Julien est frère de la fille Julien, les six autres reproducteurs sont frères des six autres reproductrices, et ils s'allient avec les six filles produites et les six fils produits.

Enfin on peut comprendre, par cette table, l'alliance même des six filles produites et des six fils produits, qui représentent exactement les deux souches sœurs. Mais alors, on doit nous dire, les producteurs des deux souches étant frères et sœurs, il peut donc y avoir alliance productive entre frères et sœurs? Si les animaux ne nous l'avaient pas prouvé depuis longtemps, *les Druses du Liban*, ce peuple énergique et robuste, nous le démontreraient, car depuis les premiers siècles de leur société, ils ont conservé cette habitude, qui, chez nous, serait odieuse, quoique ce fût le mariage de l'homme après la genèse.

L'alliance des animaux frères et sœurs est féconde parce qu'ils représentent la même équation des forces que le père et la mère.

Mais aussi c'est là les bornes de l'omaimogamie, qui s'arrête à l'isogamie, ou mariage par les égaux, qui se continue dans toutes les descendances animales.

La nature ne défend que les alliances improductives.

Il est évident que si un père ou une mère voulait s'arroger des droits sur ses descendants propres, il arriverait, si la fécondation pouvait avoir lieu successivement, à se reproduire lui-même, ce qui serait absurde. En consultant la table IIe du 4e tableau, on peut constater que si le père Pierre pouvait former alliance productive avec sa fille, il ne le pourrait avec sa petite-fille de cette fille, sa petite-petite-fille de sa petite-fille et sa fille de cette dernière ; cela étant vu théoriquement, car sa première fille est la moitié de lui-même, c'est-à-dire 21,600 ; la seconde serait 32,400 de lui-même ; la 3e génération serait 37,800 de lui-même ; la 4e, 40,500 de lui-même. Il en serait de même du côté de la mère avec son fils et ses descendants avec ce fils.

La légende nous a laissé la malheureuse histoire d'dipe, qui tua son père Laïus sans le connaître, à la sui d'une querelle qu'ils eurent dans la Phocide ; en voyageant, il passa par Thèbes, où il expliqua l'énigme dite du Sphinx, préparée par les prêtres ; la reine étant le prix de cette explication, il épousa sa propre mère Jocaste, sans la connaître encore, et en eut Étéocle et Polynice, qui plus tard s'entretuèrent pour régner, et une fille du nom d'Antigone. Œdipe ayant appris cet inceste du berger qui lui avait sauvé la vie, se creva les yeux de désespoir et s'exila.

C'est bon à connaître cette histoire. Mais il est probable que la seconde génération ne produirait pas avec le père ou peut-être la troisième.

L'antiquité a beaucoup étudié la question des alliances, car partout dans les légendes il en est question.

De tout cela nous concluons que l'inceste (*in* négatif et *castus*, chaste) repose non-seulement sur les alliances improductives, mais encore sur le respect civil que l'on se doit dans la famille; où l'on ne saurait tolérer aucune luxure, car on n'y trouverait plus la liberté dans de nobles rapports.

Laissons de côté cette question particulière, que les physiologistes étudieront sur les animaux et dont nous avons donné dans la IIe table du 4e tableau les éléments d'étude chez le lapin domestique, afin que l'on parvienne à savoir si l'inceste est purement civil ou s'il repose sur un fait physiologique : les alliances improductives dans la descendance des pères et de leurs rejetons.

Quant à présent, l'omaimogamie commence entre frère et sœur; plusieurs couples de frères et de sœurs donnent des produits mâles et femelles qui, s'alliant comme cousins, donnent de nouveaux produits qui s'allient encore, et ainsi de suite. On conçoit dès lors l'origine de la tribu régionale de race pure, et l'on comprend que cela peut être obtenu dans toutes les régions.

Les *tables physiométriques* de cet ouvrage reposent sur les différents faits suivants :

1° Sur le nombre-forces de l'animal calculé sur le nombre d'os de son squelette;

2° Sur ce que tout reproducteur mâle ou femelle fournit par moitié de ses forces et de sa substance de génération à la fille et au fils produits;

3° Sur ce que dans la période de reproduction, tout reproducteur mâle ou femelle est constitué de fractions de forces et de substances de 15 ancêtres paternels et de 15 ancêtres maternels;

4° Sur ce que les forces organiques et les substances constituantes varient comme les individus, comme les formes et les propriétés animales individuelles, toutes choses exactement légales, qui, naissant des nombres des

éléments constituants, nous ont donné, les ayant compri-
ses, la faculté d'établir ces magnifiques tables, base iné-
branlable et mathématique sur laquelle est fondée à
jamais l'école française des races dans la loi des nombres.

C'est aussi en voyant ces tables, expression de la sagesse
distributive, que l'on peut proclamer sans crainte la
somptuosité et la simplicité des accords d'harmonie qui
s'expriment dans les faits de la nature.

Nous sommes donc véritablement maîtres, tous, de cette
immense question des races, qui embrasse les plus grands
intérêts des sociétés humaines.

Oui, nous connaîtrons tous les grands faits physiologiques de la genèse, puisque nous possédons les nombres-
forces des espèces, faits de genèse sur lesquels sont cal-
qués ceux de la reproduction.

Que tous se rallient donc à la loi des nombres et d'harmonie ; la saine philosophie en est le but.

RÉFLEXIONS.

Nobles époux de la science, vous dont les cœurs, toujours virils pour elle, prennent le rhythme du bonheur lorsque vous la voyez de plus près, vous dont l'esprit sait mépriser l'entêtement, la perfidie et la sordidité, entonnez des chants d'allégresse et de victoire, car de nouvelles et magiques conquêtes viennent d'être faites sur les secrets de la nature, dans la détermination définitive et intégrale des lois qui président à *l'état des races.*

Si nous constatons une harmonie fixe chez les espèces et dans les rapports, ne fallait-il pas qu'il y eût *une loi d'ensemble*, pour régulariser les effets stables et les relations?

Cette loi pénètre tous les êtres; c'est la loi d'harmonie, qui s'exprime par les *propriétés des nombres* dans les objets déterminés. Loi sacrée, parce qu'elle est immuable et inattaquable, comme l'intelligence invisible et positive qui l'a dictée.

La substance attribuée à la genèse n'est-elle pas une grande unité collective et tout ce qui en provient n'est-ce pas ses fractions?

Aussi, tous les effets qui frappent nos regards ou nos

pensées ne peuvent être étudiés que par les nombres qui symbolisent les accords abstraits dans les rapports et les accords concrets des forces et de la substance déterminée constituant les espèces.

La majesté de l'idée, *la loi*, a passé sur les races animales et a fait disparaître, comme le vent pousse les nuées, toutes les erreurs qui voilaient leur génération, leur constitution, leur reproduction, leur perpétuation, leur déformation, leur fixité !

Jamais à aucune époque de la science, soit dans les antiquités indienne, égyptienne, grecque ou romaine, les faits n'avaient reçu, de la part de l'homme, une démonstration semblable à celle que lui procure la connaissance de la loi des nombres.

Loi de genèse et de reproduction, offerte dans les faits, par le principe antérieur à la nature, être doué de toutes les intelligences, car cette loi, que les effets démontrent du plus petit à l'ensemble, est bien l'expression des légalités définies dans la légalité collective d'harmonie universelle indéfinie encore à l'esprit relatif de l'homme, étonné de la splendeur des nombres dans l'univers.

Par la succession de nos travaux, ne semble-t-il pas que nous assistions au développement progressionnel de la connaissance de *l'être-loi* que nous avons vu naître, de la *substance-principe attribuée*, descendre avec les fractions de la substance chez les espèces, et grandir sous nos yeux à mesure que nous l'étudions dans l'homme et les relatifs qui l'entourent et lui profitent ?

Cet être-loi qui projette la vérité dans notre ignorance, comme une lumière éclatante vivifie l'obscurité, détermine et dénonce la légalité et la fixité dans l'harmonie des nombres, des détails et du tout de ce qui est !

Aussi, tout ce qui est dans l'harmonie des nombres est

bien et légal (1), et tout ce qui s'en éloigne est mal, illégal et arbitraire, que ce soit la volonté humaine, l'espèce, la race ou les rapports. Le mal est l'illégalité, *le non proportionnel au fait étalon* établi dans la loi divine des nombres.

C'est peut-être pénible pour ceux-ci, qui ont l'esprit volontaire, pour ceux-là habitués à la sécheresse du matérialisme, qui solidifie l'intelligence par les idées restreintes de l'atome, de l'attraction, de la génération spontanée, ou pour ceux encore qui abandonnent leur âme à un idéalisme convulsionnaire mêlé d'erreur et de science, de faire le sacrifice de leurs systèmes et de leurs petits dieux domestiques, à la loi d'harmonie, qui s'exprime mathématiquement par la régularité des nombres dans les objets de la reproduction et de la genèse.

Ce passage des habitudes, chères parce qu'elles datent de l'enfance, est pour eux comme une métamorphose de la vie de chrysalide à celle des êtres, qui d'abord éblouis de la lumière, peuvent plus tard, par leur libre arbitre, combiner leurs actes dans l'ampleur et la majesté de la loi de la nature.

Ce passage serait-il donc si pénible, quand les idées fausses ou restreintes ne donnent à leur esprit aucune expansion sûre et généreuse, en ce qu'il se rattache sans cesse à la sphère limitée des petits dieux du foyer ?

---

(1) *L'universel, absolu, entier,* s'étend à ce qui est possible, *l'erreur commence à l'impossible ;* donc l'universel absolu, entier, a ses limites fixes et légales. il est l'absolu, l'entier des détails et des parties ; c'est ce qui en fait *l'esprit d'existence !* Donc l'homme, dans le *calcul déductif,* arrivera à connaître l'ensemble de l'universel, absolu, entier, par la proportionnalité progressionnelle des parties, au moyen des lois d'accord 3 et 90, nombres multiplicateurs des stases.

Tandis que les émotions de l'homme deviennent universelles, s'il s'élève par ses conceptions jusqu'à *la légalité primordiale,* qui révèle l'intelligence entière et suprême dans les nombres.

L'attaque imprévue de l'homme matérialiste ou ignorant, non préparé, faite à l'improviste par la révélation de la loi de la genèse, fut pour lui comme un coup de foudre, qui le plongea dans la plus complète stupéfaction, au milieu de ces petites idées particulières ; mais *la route légale* est désormais tracée, qu'il se recueille et marche, il n'a plus qu'à la suivre pour son avenir, sa joie ou son avantage.

L'école française des races est arrivée à son apogée philosophique. En peu de temps elle se développera dans ses détails, à l'aide de nos savants ; car *les grandes lois* qui régissent mathématiquement les animaux domestiques et l'homme même, sont découvertes et expliquées !

Les plus nobles intérêts des peuples sont engagés dans ces connaissances : aussi cette question des races animales domestiques est-elle humanitaire.

L'école de France sera encore une fois l'initiatrice dans le concours général des peuples ; car son action scientifique est marquée du doigt de la loi primordiale ; elle sera donc la source de l'édification des races régionales des continents.

Les races régionales reposent sur *la loi même des migrations,* grande loi naturelle qui régit toutes les espèces par la température et la nourriture.

Les espèces qui eurent d'abord chacune leur latitude de genèse, pour obtenir plus tard, dans les différentes saisons qui s'établirent, leur nourriture particulière qui se produit à une température constante et proportionnelle, furent obligées de suivre une ligne proportionnelle, fixe, à celle de l'action solaire, primitive de leur genèse, à travers les pays ; de là, la *loi de migration.*

Mais comme il arriva pour les animaux domestiques et esclaves que cette loi de migration fut complétement écartée, loi qui donnait aux animaux sauvages un type fixe et proportionnel, par le lieu, le milieu et la nourriture constants, exactement semblable au lieu de leur genèse, les animaux esclaves prirent dans chaque région *un type particulier proportionnel aux influents locaux :* travail, nourriture, boisson, humidité, altitude, température. Ainsi tout agit sur l'animal dans la région ; en sorte que *la loi de régionalisation* est devenue celle des animaux esclaves, qu'ils soient enfermés dans des réduits ou en libre pâture.

Comprenez-vous que *les races régionales font loi,* et que l'on ne peut sortir de la loi sans mentir à la nature et à la raison ?

Notre pays a des hommes trop savants pour qu'ils puissent accepter les idées imparfaites, erronées et volontaires.

Dans beaucoup de cas, ceux qui ne savent pas à temps se plier à la vérité sont méconnus ; ici, ce n'est qu'une question de bon sens !

Croiser des animaux régionaux avec des animaux étrangers à la région est le comble de l'étourderie et de l'ignorance, à moins que l'on veuille changer la race. ce qui serait absurde, pour nos animaux ! *La croyance n'est pas la science.* Enfin, toutes les erreurs ont leur rachat, et celles commises sur les races le trouveront dans *le respect des lois naturelles.*

Nous pouvons ici répéter encore : *que tout est à faire, refaire et régler, au milieu de cette Babel où règne la confusion des idées, des sangs, des formes, des couleurs,*

*des proportions légales inconnues jusqu'à nous, où s'en-
gouffrent chaque année des trésors certainement inutiles
au but!*

Dans ce travail pénible, nous avons exposé les différentes connaissances physiologiques utiles au rétablissement de nos races régionales. Notre école produit la réglementation de leur anarchie; *nous la réglementerons
nous-mêmes, cette anarchie!*

Maintenant, la circonférence du cercle des connaissances,
à ce sujet, est tracée; nous n'avons plus à établir que les
détails de sa surface; *cela ne regarde personne que nous*
ou alors *cave ne cadas.*

La genèse matériale, végétale et animale, la substance-
principe comme unité collective, les forces et les substances, comme ses fractions, les stases des êtres, les espèces,
les races, la loi de la genèse et de la reproduction, nous
avons *l'ensemble des éléments de l'école établie mathématiquement sur les nombres,* sans notre vouloir, *mais par
la vérité de la loi.* Ceux qui connaissent nos travaux an-
térieurs peuvent seuls nous comprendre. C'est d'abord à
eux que nous nous adressons; les autres, peu nous importe!

*Y a-t-il quelque chose de plus magnifique que la coudée,
l'homme et le cheval géométriques qui donnent les rapports
des êtres,* êtres proportionnels par leurs nombres-force,
leurs substances et leurs formes?

Aussi l'activité que nous avons déployée pour la publi-
cation de nos travaux était prudente et nous a fait passer
de terribles moments.

Ayant accompli cette nouvelle tâche avec le plus de
modération possible, dans une question qui soulève *de trop
faciles prétentions,* et peut-être des susceptibilités, nous

livrons ces faits à nos savants et à nos amis avec la sincérité de celui qui croit avoir rempli tous ses devoirs.

Car, lorsqu'il s'agit de races domestiques, les conseils de la véritable science représentent des millions de millions, pour un pays auquel on s'honore d'appartenir, pour un pays malheureusement et simultanément abandonné dans cette question, ce qui est curieux, soit au caprice de la mode, soit à l'entêtement de l'habitude. Le travail inouï que nous venons d'accomplir sera la source du rétablissement des races régionales et de leur splendeur.

FIN.

TABLE DES CHAPITRES.

PARIS. — IMPRIMERIE CENTRALE DE NAPOLÉON CHAIX ET Cᵉ, RUE BERGÈRE, 20. — 94